CHASHU
ZAIPEIXUE

茶精神 | 茶艺术 | 茶方法 | 茶技术 | 茶文化

茶树栽培学

茶学专业职业院校教材

《职业院校教材》编委会 编

YNK 云南科技出版社
·昆 明·

图书在版编目（CIP）数据

茶树栽培学 /《职业院校教材》编委会编. -- 昆明:
云南科技出版社, 2017.9（2024.3重印）
职业院校教材
ISBN 978-7-5587-0859-6

Ⅰ.①茶… Ⅱ.①职… Ⅲ.①茶树—栽培技术—职业
教育—教材 Ⅳ.①S571.1

中国版本图书馆CIP数据核字（2017）第247181号

职业院校教材——茶树栽培学

《职业院校教材》编委会　编

责任编辑：唐坤红　洪丽春　曾　芫
封面设计：晓　晴
责任校对：秦永红
责任印制：蒋丽芬

书　　号：ISBN 978-7-5587-0859-6
印　　刷：昆明瑆煜印务有限公司
开　　本：787mm×1092mm　1/16
印　　张：8.5
字　　数：200千字
版　　次：2018年3月第1版
印　　次：2024年3月第3次印刷
定　　价：48.00元

出版发行：云南科技出版社
地　　址：昆明市环城西路609号
电　　话：0871-64114090

茶学专业职业院校教材

编委会

主编： 周红杰　李亚莉

编委会主任： 字映宏　李有福　段平洲

参编人员： 汪云刚　刘德和　骆爱国　苏　丹　王智慧　任　丽
　　　　　　单治国　刘　洋　杨杏敏　杨方圆　高　路　马玉青
　　　　　　涂　青　付子祎　汪　静　李嘉婷　辛　颖

序

从古至今，茶与人类的生产生活息息相关，神农氏是最早发现和利用茶的人，据《神农本草经》一书记载："神农尝百草，日遇七十二毒，得茶而解之。"从早期的食用、药用再到饮用，茶在我国经历了一个漫长的历史过程。如今，随着全球化和国际化的发展，我国茶逐渐走向世界，在新的"一带一路"发展时期，中国茶作为一种绿色的饮品，在栽培过程中从源头建立起安全清洁化的生产体系，对于人们获得一个健康优质的产品提供了保障。

茶树最早为中国人所驯化和栽培，我国西南地区是茶树的原产地，而云南地区发现了世界上年龄最长的野生古茶树群落，是世界茶树的起源中心地带。良好的自然条件和得天独厚的地理优势使得云南地区拥有丰富的茶树种质资源，为适制优质红茶、绿茶、白茶和普洱茶等茶类提供了多样的品种基础。

我国茶区地域分布辽阔，有西南、华南、江南和江北四大茶区，东起东经122°的台湾省东部海岸，西至东经95°的西藏自治区易贡，南自北纬18°的海南岛榆林，北到北纬37°的山东省荣成县，东西跨经度27°，南北跨纬度19°，共有21个省（区、市）1000多个县生产茶叶。目前全国茶叶种植面积达4100多万亩，其中云南省就有600多万亩，同时有600多万从事茶叶生产的农业人口；因此，科学的种植茶叶，是很多山区农民脱贫致富的重要法宝。

茶树栽培学是研究茶树生长发育规律、高产优质高效栽培综合技术的实用性学科。本书立足我国茶树栽培生产实际，以地域环境为切入点，讲述了如何通过科学高效种茶、选育茶树品种、栽培管理等技术措施而获得茶叶生产的优质原料；书中简要介绍了我国茶叶栽培的发展史与国内外茶区概况；系统地阐述了茶树生物学特征特性和茶树基本栽培技术措施及操作方法，阐明茶树在植物学上的分类，分析茶树各器官的生育特性；对茶树有性繁殖和无性繁殖的特点和技术要求也进行了系统的阐述，从茶园的规划布局、茶树

种植、沟渠树路的合理布置等方面阐述新茶园建设中的技术措施以及应达到的目标和要求；合理的茶园建设结合科学的土壤管理和树冠培养，培育出高产、高效的生态化优质茶园，高效、科学合理的茶叶采摘技术，是实现茶树栽培到茶叶加工的紧密衔接的关键，使得茶叶生产能够切实的提质增效；书中还结合云南省地域特色对云南茶树栽培做了较为详细的介绍，重点突出了云南省茶园种植与管理，并对适制普洱茶优良茶树品种的特征特性、适应性和生长环境等做了较为全面详细的介绍，更在后几章中重点介绍了茶叶无公害栽培和有机栽培在茶园环境，加工技术规范等各要点与注意事项，综合阐述了实现茶叶生产可持续发展的基本条件和具体途径。

本书逻辑严谨、科学，语言简洁而内容不失一定深度，涉及的知识面宽广，作为职业院校学生和茶叶爱好者学习茶树栽培的教材，有利于学生掌握茶树栽培的技能，为学生快速系统的学习茶叶栽培的相关知识提供一个蓝本。

本书由周红杰教授和李亚莉副教授带领研究团队根据多年的研究成果编纂，在编写过程中得到了云南省相关研究单位以及学校院系各部门的支持，云南省茶学重点实验室培育专项（2017～2018）、云岭产业技术领军人才（发改委〔2014〕1782）等项目也为本书的编写注入了强大的理论与实践支撑，字映宏、李有福、段平洲等从事茶学教育的教师也参与了本书的编写与修订工作，云南省农科院茶学重点实验室、云南省农科院茶叶研究所普洱学院、滇西应用技术大学普洱茶学院、江西农业大学农学院、武夷学院、贵州民族大学人文科技学院、盘州市职业技术学院等单位对本书的编撰提供了大量的支持与帮助，汪云刚、刘德和、单治国、刘洋、骆爱国、苏丹、王智慧、任丽、杨杏敏、杨方圆、涂青、高路、马玉青、付子祎、汪静、李嘉婷、辛颖等参与了本书的编写和审定，书中插图由研究生杨杏敏、杨方圆等拍摄和绘制。

由于编者水平所限，书中部分内容难免存在疏漏和不足之处，敬请读者批评指正。

目　录

第一章 绪 论

人工栽培茶树有史可考的已有三千多年历史，茶叶早已成为世界人民普遍爱好的饮料。世界各国的茶叶、茶种最初都是从我国直接或间接传入的，因此中国被称为世界茶叶的祖国。

第一节 茶树栽培发展简史

茶树的栽培史，也是茶的发现、利用史，最早可追溯到远古时期。不过，历史上的文献资料对茶树相关活动的记载，很少有正面直接的描述，往往只能进行推测，且由于年代久远，有遗漏或者谣传，其真实性有待商榷。本书综合古人及目前的研究成果，去伪存真，将茶树栽培的历史划分为以下几个时期。

一、茶树栽培的起始时期

前秦时期，是茶树栽培的起始时期。唐代陆羽在《茶经》中指出："茶之为饮，发乎神农氏"，认为茶是神农发现的，而神农是上古时候的人物，距今已有四五千年的历史了。《神农本草经》记载："神农尝百草，日遇七十二毒，得茶而解之"。这里的"茶"就是茶。

随着社会消费与生产的不断发展，人们对茶的需求逐日增加，于是开始对野生茶树进行驯化移栽、人工栽培。东晋《华阳国志》记载："周武王伐纣，实得巴蜀之师……武王既克殷，以其宗姬于巴，爵之以子。……上植五谷，牲具六畜，桑、蚕、麻、苎、鱼、盐、铜、铁、丹、漆、茶、蜜……皆纳贡之。"这表明早在三千多年前，巴蜀一带就开始种植茶叶，并已用所产的茶叶作为贡品。

二、茶树栽培的扩大时期

秦汉至南北朝时期，关于茶的文献慢慢增多，茶在人们日常生活中的利用日渐广泛，茶树的栽培面积也逐渐扩大。公元前200年左右的秦汉时期，我国最早的一本辞书——《尔雅》中，就有"槚·苦茶"，它被认为是我国最早的有茶名的记载。之后在公元前130年，西汉时期的司马相如在《凡将篇》中，称茶为"荈诧"，将茶列为二十种药物之一，这是我国把茶叶作为药物的最早文字记载。到了西汉，王褒的《僮约》中明确规定奴仆必须从事的若干项劳役，其中就有"烹茶尽具"和"武阳买茶"，由此可

见，此时茶叶已是士大夫们的生活必需品了。

汉代佛教传入，南北朝时期更加兴盛，佛教坐禅念经时，饮茶能提神醒脑，有助于修行。因此，南方一些名山寺院，陆续种植茶树，推动了茶叶生产的发展。

三、茶树栽培的兴盛时期

隋唐至明清，是我国历史上茶叶生产、栽培的兴盛时期。根据其不同时期的特点，我们又将这段时期划分为两个阶段。

（一）隋至宋朝时期

隋朝的历史很短，有关茶的记载也很少。但隋朝统一了全国，修造了大运河，促进了后世的南北经济、文化的交流与发展，对茶的发展、传播也起到了推动作用。

唐中期，茶从南方传到中原，再传到边疆地区，全国渐渐兴起饮茶之风。茶叶消费的不断增加，使得茶树的栽培种植规模不断扩大。唐贞元年间，浙江顾渚山，建有首座官办的"贡茶院"，有制茶工匠千余人，采茶役工二三万人。同时，世界上最早的一部茶叶专著《茶经》问世。作者陆羽详细收集历代茶叶史料、记述亲身调查和实践的经验，对唐代及唐代以前的茶叶历史、产地、功效、栽培、采制、煎煮、饮用的知识技术都做了阐述，使茶叶生产从此有了比较完整的科学依据，对茶叶的生产发展起到了一定的推进作用。

宋朝饮茶风俗已相当普及，"茶会""茶宴""斗茶"之风盛行。全国多地竞选优质茶树品种，制作好茶以作斗茶之用。宋徽宗赵佶还亲自撰写《大观谈论》，其中有"植茶之地，崖必阳，圃必阴""今圃家植木以资茶之阴"；北宋乐史撰写的《太平寰宇记》中，对南方产茶地有较为详细的记载，反映宋代茶叶生产中心已向南转移。宋朝时期，对茶树生产栽培比唐代更深化，茶园管理注意精耕细作，重视茶树品种的研究和选择。同时，正式推广桐茶间作，以改善茶园小气候，利于茶树生长发育。茶树的种植区域不断扩大，产量不断增加。

（二）元至清朝时期

元代的茶树种植在宋代的基础上，继续向南扩展，主要分布在长江流域、淮南地区以及广东和广西一带，全国茶叶的年产量约十万吨。同时，茶叶行业产生了不少上佳名牌，例如建宁的北苑茶，是指定的皇室贡品。

明代，茶树种植面积继续扩大。从南到北，基本上各个地区都有主要茶叶产地和本地区的特色名茶。同时，台湾茶区出现。在茶园管理方面，对茶园耕作和施肥的要求也更加精细，并且最早提出上有荫、下有蔽的多层次立体种植模式。这表明明代时期，我国的茶园管理达到了相当精细的程度。

清朝时期，因为茶叶出口急剧增加，国内茶树栽培面积快速扩大。到了1886年，全国茶叶总量高达22万t，出口量达13万t。中国边陲的云南茶园面积已具相当规模，檀萃《滇海虞衡志》（1799年）中记载："普茶名重于天下……出普洱所属六茶山……周八百里，入山作茶者数十万人。"在茶树栽培管理上，明清较唐宋有巨大的提升。从唐代到清代共有茶书98种，而明清占66种。在众多的茶书中，从另一个侧面反映了植茶技术的成果，尤其是在茶树繁殖、种植、茶园管理等方面创立的许多新技术和方法，谱写了茶树栽培史的辉煌篇章。

四、茶树栽培的恢复和再发展时期

鸦片战争后，中国沦为半封建半殖民地社会，茶农受到了残酷的压迫和剥削。同时，国外种茶业兴起，印度、斯里兰卡等国引入我国先进的栽培技术，并利用机械化大量生产红碎茶，然后竞相出口，致使世界茶价下降，严重冲击了我国茶叶产业的发展。

中华人民共和国成立后，国家针对茶叶生产严重衰落的现状，出台了一系列政策和措施，大力扶持茶叶产业的发展，并组织恢复荒废的茶园，开辟新的茶园，扩大种植区域，推广茶树良种，20世纪80年代中期，保存在全国各地的茶树种质资源达3500多份。1990年，在浙江杭州和云南勐海分别建成了两个国家级茶树种质资源圃，保存茶树种质材料达2600余份。茶树育种为实现茶树天性系良种化奠定了物质基础。在推广茶树良种的同时，实行科学种茶，建立健全茶叶教学机构和科研机构，茶树栽培很快得到了恢复，茶叶行业得到快速发展。

第二节　茶区分布

中国有着悠久的茶树栽培历史，且气候环境条件优越，在长期种植茶树的过程中，栽培技术不断进步，茶区面积也不断扩大。

一、茶区的划分及其生产特点

（一）茶区的概念

茶区属于经济概念，其划分是在国家总的发展生产方针指导下，综合自然、经济和社会条件，注意行政区域的基本完整来考虑。我国茶区分布广阔，在几个生态气候带内，由于海拔、地形、方位不同，气候、土壤等都有很大差异。这些不仅对茶树的生育有明显的影响，而且在茶树品种分布、茶类生产、茶树栽培技术、茶叶产量、品质以及经济效益等方面都有所差别。因此，茶区是按茶树生物学特性，在适合于茶叶生产要求的地域空间范围内，综合地划分为若干自然、经济和社会条件大致相似、茶叶生产技术大致相同的茶树栽培区域单元。茶叶区划的确立，有助于因地制宜地采用相应栽培技术和茶树品种，发挥区内生态、经济、技术优势。较统一的认识是将全国划分为三级茶区，一级茶区由国家划分；二级茶区由各产茶省（自治区）划分；三级茶区由地（市）划分。

（二）不同时期的茶区划分

中国茶区最早的文字表达始于唐代陆羽的《茶经》，它把当时的全国种茶区域分为八大茶区，分别是山南茶区、淮南茶区、浙西茶区、剑南茶区、浙东茶区、黔中茶区、江西茶区及岭南茶区。宋代茶区分布在长江流域和淮南一带。主要产地是江南路，其次是淮南路、荆湖路、两浙路和福建路。至南宋，全国已有66个州242个县产茶。并按成茶形态分成了片茶和散茶两大生产中心。

元代茶区在宋代的基础上又有新的开拓，主产区是江西行中书省，包括湖南、湖北、广东、广西、贵州、重庆和四川南部。

明代没有新产茶地区的记载，茶区沿袭元代的分布，没有大的变化。

清朝时期，由于国内消费的增长和对外贸易的开展，促进了种茶范围的扩大，并形成了以茶类为中心的栽培区域。如在湖南省临湘、岳阳等地形成了砖茶生产中心；在福建省的安溪等县形成了乌龙茶生产中心；湖南省安化，安徽省祁门，江西省武宁、修水等县形成了红茶生产中心；在江西省婺源、德兴，浙江省杭州、绍兴，江苏省苏州虎丘和太湖洞庭山形成了绿茶生产中心；在四川省和重庆市的雅安、天全、平武等县则以生产边茶著称；而广东省罗定等地以生产珠兰花茶而闻名。

1948年，陈椽在《茶树栽培学》一书中，根据山川、地势、气候、土壤、交通运输及历史习惯，将我国分为四个茶区：浙皖赣茶区、闽台广东省茶区、两湖茶区和云川康茶区。1956年，庄晚芳在《茶作学》中，根据地形、气候和茶叶生产特点，认为可划分为四个茶区，即：华中北区、华中南区、华南区、四川盆地和云贵高原区。1981年，李联标在《茶树栽培技术》中，根据水热、土壤、茶树生长状况等因素，将中国茶区分为五大茶区：淮北茶区、江北茶区、江南茶区、岭南茶区和西南茶区。

（三）茶区的生产特点

依据相关标准，全国分为四个一级茶区：即华南茶区、西南茶区、江南茶区、江北茶区。

全国四大茶区共有二十个省产茶，分别为：安徽省、浙江省、江苏省、江西省、四川省、湖南省、湖北省、福建省、海南省、云南省、广东省、河南省、山东省、甘肃省、贵州省、陕西省、广西壮族自治区、西藏自治区、重庆市、台湾省。

四大茶区生产特点如下：

1．华南茶区

华南茶区包括福建和广东中南部，广西和云南南部以及海南、台湾。它是我国气温最高的一个茶区，属于茶树生态适宜性区划最适宜区。茶区内高温多雨，水热资源丰富，年均气温在20℃以上，最冷月气温绝大部分都在12℃以上。全年降水量可达1500mm，台湾省超过2000mm，海南的琼中高达2600mm。全年降水分布不均，以夏季降水最多，70%~80%的雨量集中在4~9月，而11月至翌年初往往干旱。

茶区土壤大多为砖红壤和赤红壤，部分为黄壤。在有森林被覆下的茶园，土层相当深厚，富含有机质。该区茶树资源丰富，所栽培的茶树品种有乔木型、小乔木及灌木型。因为自然生态条件优越，所以茶树生长发育好，茶叶品质优良。其生产的茶类有红茶、普洱茶、绿茶和乌龙茶。

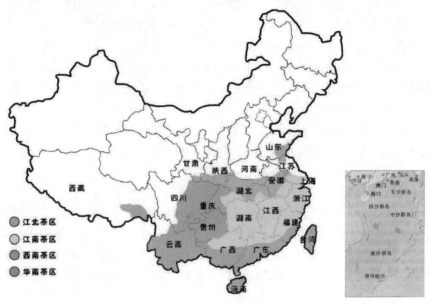

图1-1 中国一级茶区图

2. 西南茶区

西南茶区包括贵州、四川、重庆、云南中北部和西藏东南部等地，属于茶树生态适宜区。因为地形复杂，地势高、起伏大，所以区内气候差别大，但大部分地区属亚热带，水热条件较好，年均气温在14~18℃。日照时间较少，相对湿度大。全年大部分地区的无霜期在220天以上，年降水量在1000mm以上。

茶区内大部分地区是盆地、高原，土壤类型较多且有机质含量一般较低。区内茶树资源丰富，有灌木型、小乔木型和乔木型茶树，生产的茶类有红茶、绿茶、普洱茶和花茶、边销茶等。

3. 江南茶区

在长江以南，江南茶区包括广东和广西北部，福建中北部，安徽、江苏、湖北南部、湖南、江西和浙江等省，是我国茶叶主产区。其基本属于亚热带季风气候，春温、夏热、秋爽、冬寒，四季分明，年平均气温在15.5℃以上，年降水量在1000~1400mm，以春季降水量最多，秋冬季则较少，部分地区会发生伏旱、秋旱或寒潮。

茶区内基本是红壤，部分为黄壤或黄棕壤，还有部分是黄褐土、紫色土、山地棕壤和冲积土等。植被覆盖率高的高山茶园土层深厚，有机质含量高，而缺乏植被覆盖的土壤土层浅薄，有机质含量低。江南茶区产茶历史悠久，资源丰富。区域内茶树品种主要是灌木型的中叶种和小叶种茶树，生产茶类有绿茶、红茶、乌龙茶、白茶、黑茶以及特种名茶。如西湖龙井、君山银针、黄山毛峰、洞庭碧螺春等历史名条，品质优异，具有较高的经济价值，且闻名遐迩。

4. 江北茶区

位于长江以北,秦岭、淮河以南,以及山东沂河以东部分地区。江北茶区包括甘肃、陕西和河南南部,湖北、安徽和江苏北部以及山东东南部等地,是我国最北的茶区,属于茶树生长次适宜区域。茶区大部分地方属于温带季风气候区,较其他的茶区,气温低、积温少,大多数地区年均气温在15.5℃以下,月平均气温1~5℃,极端最低气温多年平均在-10℃左右,3月底至4月初常有晚霜出现,全年无霜期约200~250天。年降水量为700~1000mm,四季降水不均,夏季最多,冬季最少,往往有冬春干旱。

因为区内地形复杂,土壤差别较大,宜栽培茶树的土壤多为黄棕壤。江北茶区种茶历史悠久,新中国成立后面积有所扩大。该区域茶树品种多为灌木型中小叶种,抗寒性较强,生产茶类主要是绿茶。由于生长季节昼夜温差大,所制的绿茶香高味浓,品质较优。

我国茶区的气温、降水量和土壤条件等,基本符合茶树生长的要求,自然条件总得来说是优越的。个别地区冬季气温较低,或夏季有高热,或全年降水量在1000mm以下,或土壤肥力低等。因此,在新茶园建立或老茶园改造时,要充分发挥自然条件的优越性,利用山地小气候的特点,因地制宜地采用适合当地气候条件和土壤条件的茶树良种和栽培管理技术措施,为茶树生长营造一个有利的生态环境。

二、主要产茶省的生产概况

悠久的栽培历史、广阔的地域分布和其他各种因素,使得各地茶叶的栽培、生产情况不同。下面是我国主要产茶省的生产概况介绍。

图1-2 中国主要产茶省分布图

（一）福建省

福建省是一个较古老的茶区，产茶源于汉，兴于唐而盛于宋，尤以宋代北苑贡茶和斗茶活动闻名于世。全省除海岛平潭县外，每个县都产茶。

福建省处亚热带地区，气候温暖，雨量充沛，冬无严寒，夏无酷暑，非常适宜茶树生长。其茶树品种资源十分丰富，茶树品种达830多个，良种普及率位居全国第一。同时，它还是我国茶类生产最多的省份，除黑茶外的其余五大茶类都有生产，而且形成了各地区鲜明的特色，如乌龙茶中的"武夷岩茶""大红袍""安溪铁观音"，白茶中的"白毫银针""白牡丹"，红茶中的"正山小种"等，花色多，独具风格。因此，其销路广、声誉高。不少茶叶是根据品种特点，单独采制、单独销售。

福建省十分重视茶园生产管理，大多有施肥、培土的习惯，年施肥2~3次，每隔1~3年培土1次。采用科学栽培技术，积极选用良种；推广山地等高梯层、梯田式茶园的规划设计与垦辟方法。近年来，更是积极推广病虫害绿色防控技术，茶园机械化修剪和采摘等技术。

（二）浙江省

浙江省素有"丝茶之府"的美称，产茶历史悠久，距今两千年前就有植茶和饮茶的历史。唐代，浙江的茶叶已具相当的规模，是浙江茶叶的重大发展时期。现在，全省有72个县产茶。

浙江省年平均气温较高，降水量丰富，气候和土壤适宜茶树栽培。区域内茶树品种丰富，主产绿茶，尤以西湖龙井享誉国内外，也生产红茶和花茶等，近十几年来大力发展名优茶，茶叶产值居全国之首。近年来，还不断开发金观音品种为主的乌龙茶类和以越红为主的红茶名优茶品类。

浙江省在茶树栽培管理上也走在全国的前端。要求采一次茶施一次肥，重点强调一次基肥，耕作要求"三耕四削"，并根据地形情况，采取砌坝保土的方法，修筑梯坎。21世纪以来，主要推广茶园全程机械化技术，尤其是名优茶机采和鲜叶分级技术取得了重大突破。

（三）云南省

云南是茶树的原产地之一，唐宋时已兴盛，宋代普洱县就是著名的茶马市场，现全省有120个县产茶。

云南茶区属于高海拔、低纬度，生态条件多样，地貌复杂，呈"立体气候"。茶园分布在海拔1200~2000m，年平均温度在12~23℃，年降水量一般在1000mm以上。全省除高寒山区外，气候温暖多湿，适宜茶树栽培的地区广阔。云南已发现大量的野生茶树，其茶树资源十分丰富。生产茶类多样，有红茶、绿茶、普洱茶、紧压茶和花茶，尤其以红茶和普洱茶驰名中外。

云南在茶园生产管理上，根据当地的实际情况，大力发展新茶园，积极推广先进技术措施。茶园实施耕作、施肥、修剪、间作等科学管理，促进茶树栽培的良性发展。

（四）安徽省

秦汉时，四川经陕西、河南将植茶传至皖西，到唐代时安徽茶叶已颇为繁荣，全省各地广栽茶树。现共有55个县（市）产茶。

安徽省位于长江中下游地区，茶树主要种植区在长江以南各地。南部茶区气候温暖，无霜期长，降水丰富，尤其云雾多，昼夜温差大，茶叶品质好，生产名优绿茶和祁门红茶为主。江北大别山茶区，虽然冬季易冻，秋季常旱，但茶叶品质优越，以生产绿茶为主。

中华人民共和国成立后，安徽大力开辟新茶园，同时，还积极改造老茶园，实行补缺，增加密度，因地制宜地进行规划改造，分年分批地建设茶叶生产基地。并与科研、教育、外贸等单位联合，开展科学实验，在良种选育、防治病虫、合理采摘和提高单产等方面取得很多成果。

（五）湖北省

湖北省早在晋代前就有栽茶，19世纪以来，成为我国茶叶出口的重要产地之一。

全省年平均气温为15~17.1℃，年降水量在800~1700mm，而茶树活跃生长期的降水量均在1000mm以上，年无霜期207~307天，具备了茶树较适宜的生长条件。

中华人民共和国成立后，全省先后建立30多个国营茶场，其中许多是基础好、管理水平较高的茶园，显示了良好的经济效益；不少地区注意普及科学种茶技术，培育树冠。推广茶园铺草以增加土壤有机质和伏旱、秋旱保水；20世纪70年代末开始推广低产茶园改造措施，增产效果显著；从1997年以来，大力实施以茶树无性系栽培、机制名优茶加工等为重点的茶资源综合开发工程，有力地推动了茶叶生产往优质、高产、高效方向发展。茶树品种除农家群体、恩施大叶种、宜昌大叶种以及崇阳大叶种等外，还引进福鼎大白茶等良种，生产的茶类有绿茶（包括老青茶）、红茶及黑茶。

（六）四川省

为我国古老茶区之一，栽茶历史已有3000多年。西周初期，巴蜀已有人工栽培茶树。西汉时蒙山植茶，今彭山区成为茶叶市场；唐代蒙山名茶兴起；宋代是四川茶业的兴盛时期。

四川为盆地地形，地势西北高、东南低，四周群山绵延，丘陵荒地多，河流交错，春夏凉爽，湿润多露，秋冬暖和，适宜茶树生长。

过去茶园较分散，部分茶园间作，管理比较粗放，不合理采刈茶树，制造边茶，单产低。中华人民共和国成立后，重视茶园管理，推广先进技术，茶叶产量和品质均有明显的提高。特别是推广茶树快速育苗、茶园密植丰产栽培技术、茶园综合治理技术等，对四川科技兴茶都起到了积极的作用。四川茶区生态条件优越，生产潜力大，且具有广阔的发展前景。茶树品种以四川中叶种为主，以外省引进的云南大叶种、福鼎大白茶等良种以及本省的南江大叶茶、崇庆枇杷茶和育成的新品种扩建新茶园。主要生产红茶、绿茶、边茶等。

（七）湖南省

湖南省栽茶历史悠久，西汉时就已产茶，东汉《桐君录》中记载湘西永顺县是当时的产茶地之一；汉时的茶陵是中国最先有茶字命名的县；长沙马王堆出土随葬品有4处提到茶。明清时期，特别是明末清初，茶叶生产得到了较大的发展，茶叶的产量之多、质量之好已扬名四海。新中国成立后，茶叶生产迅速恢复和发展，1960年茶园面积5.12万hm²、产量为2.54万t。

湖南多山地，年平均气温16~18℃，无霜期261~313天。年平均降雨量1200~1700mm。

中华人民共和国成立后，湖南省在茶树栽培、良种的选育推广等方面进行了大量的科学研究和推广工作，20世纪50年代研究了茶树采种、育苗、播种、齐苗、定型修剪、分批多次采摘法、茶园绿肥种植等，并予以推广，保证了新建茶园的质量。20世纪60年代研究推广了茶树早成园、持续高产稳产技术，氮、磷、钾化肥的增产效应，茶园有机肥使用技术等。近十多年来，通过无性系良种推广、规范化栽培、无公害生产、名优茶开发，使湖南茶产业稳步发展。生产茶类有红茶、绿茶（包括老青茶）及黑茶，有一大批历史名茶和新创制的名优茶。

第三节 世界茶区分布

一、世界茶区的生产概况

从世界茶区分布来看，茶树对环境虽然有特殊要求，但它对环境适应能力很强，可在不同区域内种植。世界茶树主要分布在亚热带和热带地区，五大洲都产茶，按2002年的资料表明，亚洲产茶量最多，约占世界总产量的81.70%；非洲次之，占15.30%；其他各洲仅占3.00%。现在世界上有60个国家引种栽茶，其中亚洲22个，非洲21个，美洲12个，大洋洲3个，欧洲2个。根据茶叶生产分布和气候等条件，世界茶区可分为东亚、东南亚、南亚、西亚、欧洲、东非和南美6个。东亚茶区主产国有中国、日本，两国产茶量约占世界总产量的28%。据2004年统计，中国居世界第一位，日本居第七位。南亚地区产茶国有印度、斯里兰卡和孟加拉国三国。所产茶叶约占世界总产量的40%，是世界茶叶主要产区。

茶树原产于亚热带地区，喜爱温和湿润的气候，所以在不同气候条件下，茶树生育情况也有差异。纬度在16° S到20° N的茶区，茶树可全年生长和采摘；20° N以上的茶区，茶树在年周期中有明显生长与休止期。

世界各茶区的降水量悬殊，多的全年达到6000mm，少的仅有700mm。在一月份与七月份温差小的茶区，茶树生长和每月茶叶收获量的多少常常受到降水量多少的影响，降水量多且均匀的月份，茶树生长旺盛，产量亦高。

世界茶区的土壤条件，从种类上分析，一般都是酸性的红黄壤；从土质来看，差异很大，黏重的黏土到疏松的沙土都有分布，酸性适宜范围在pH4.0~6.5之间。

二、世界主要产茶国的栽培特点

（一）印度

印度是世界上第二大产茶国，境内北部多山地，中部是平原，南部为高原，大部分地区为热带季风性气候。按地理可分为南、北两大茶区。茶园面积和茶叶产量相对集中，北印度茶区约占75%，是印度最主要的种茶、产茶地区。北印度茶区主要有阿萨姆和西孟加拉。阿萨姆茶区，是印度最大的茶区，位于印度东北部，该地区地势平缓，气候温暖，降水充足，每年3~11月均可采茶，全区的茶园面积和产量占全印度的五成左右。其茶品质味浓、醇厚。而西孟加拉的大吉岭茶区，位于喜马拉雅山脉，种植中国小叶种茶。

大吉岭红茶被推崇为世界最香的红茶。印度主产红茶，占其产茶总量的95%以上，尤以CTC茶享誉世界，约占75%，传统红茶约为25%，绿茶产量极少。印度茶叶生产走专业化和企业化道路，全国有1万多个茶场。种植品种多为阿萨姆大叶种，少量为引自中国的中小叶种。

（二）肯尼亚

肯尼亚是非洲新兴的产茶国家，国内全部生产红茶，其红茶以"浓、强、鲜"的品质称誉世界。肯尼亚的茶叶生产集中在五个省，且均匀分布在赤道附近的高原丘陵地带。全年气候温暖，降水量多，故茶叶生产全年进行。同时，重视科学技术在生产中的促进作用，大力推广良种，重视配方施肥，加强病虫害的防治，几乎不使用农药。肯尼亚政府还设立茶叶局，建立一套科学的管理机构和体制，保证茶叶质量。

（三）斯里兰卡

斯里兰卡在18世纪末为英国殖民地，当时斯里兰卡的主要作物是咖啡。直到1824年荷兰人首次将中国茶籽引入斯里兰卡试种，1839年又由印度阿萨姆引种种植。19世纪70年代，枯萎病使咖啡园遭受灭顶之灾，而能够抵御病害的茶叶大难不死。于是英国种植园主们购得兰卡中部山区的大片土地开发茶叶种植园，并在80年代迅速发展壮大。如今，斯里兰卡已成为世界第四大产茶国，而锡兰红茶作为世界四大红茶之一（其他三大红茶为中国安徽祁门红茶、印度阿萨姆红茶、印度大吉岭红茶），被誉为"献给世界的礼物"。

斯里兰卡地处热带，属于典型的热带气候，全年雨量充沛，气候温和。茶区各月平均温度在20℃左右，年温差较小，一般差4~6℃，年降水量在1800~1900mm，5月至7月和10月至12月雨水多。茶园土层深厚，土质肥沃，有机质丰富。斯里兰卡有6个省11个区产茶。根据海拔高度将茶园分为高地、中地和低地三个类型，其中高地茶品质最佳。

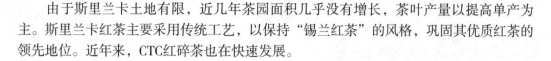

由于斯里兰卡土地有限，近几年茶园面积几乎没有增长，茶叶产量以提高单产为主。斯里兰卡红茶主要采用传统工艺，以保持"锡兰红茶"的风格，巩固其优质红茶的领先地位。近年来，CTC红碎茶也在快速发展。

（四）日本

日本是世界上最早引进中国茶树的国家，公元805年，日本僧人最澄到中国学佛回国时携带茶籽，在滋贺县试种。806年，僧人空海从中国带回茶籽种植于奈良县，由此，逐步传播到中部和南部各地。现日本有44个府（县）产茶，主要产区有静冈、鹿儿岛、奈良等10个府（县）。静冈县是产茶最多的县，种植面积约占全国的40%，产量占50%。1995年日本茶园面积为5.37万km^2，产茶8.48万t；2004年茶园面积4.97万km^2，产茶10.03万t，是世界第七大产茶国。日本生产大部分为蒸青绿茶，有玉露、碾茶、玉绿、番茶、煎茶、焙制茶、玄米茶等产品；近些年生产的再加工茶中，罐装乌龙茶和绿茶发展较快。

日本较重视茶叶科研，每个产茶县都专门设立茶叶试验场，即从事茶叶科学研究，又负责茶叶科学技术的推广。茶树栽培管理科学，广泛采用多肥和被覆栽培，强化灌溉和吹风防霜，统一防治病虫害，园貌整齐划一，树势健壮，单产高，效益好；良种普及快，良种面积已占全国茶园总面积的80%；茶业机械化和自动化程度相当高，基本上达到茶园管理，茶叶采摘，茶叶初、精制，包装和贮藏全过程实现机械化和自动化。

（五）土耳其

1888年从日本引进茶籽，土耳其开始种茶，但由于缺乏生产技术和生态条件不宜而未能成功。1924年在两个地区开始种茶，虽然获得成功，却一度中断生产。1937年从苏联引进茶籽，开辟了第一个种植场，由此开始了茶叶的生产历史。

土耳其的茶产区主要分布在其北部，属亚热带地中海式气候的黑海沿岸里泽地区，年平均降水量达2357mm。1995年成为世界第五大产茶国。生产的茶类为红茶。

土耳其近20年来茶园面积急剧增加，单产水平较高，茶园栽培管理措施得当，新建和改植茶园均使用高产优质良种，茶园几乎都由小规模农户经营，采摘主要靠手工。重视茶叶包装，种类繁多，机械化程度较高。

思考题

1. 简述我国茶树栽培发展历史。
2. 我国对世界种植茶叶的发展有何重大贡献？
3. 怎样科学划分中国茶区？中国茶区各有何特点？
4. 茶的利用是从什么时候开始？人工栽培茶树起于什么时候，有什么依据？

参考文献

［1］陈宗懋. 中国茶经［M］. 2011修订版. 上海：上海文化出版社，2007.

［2］陈祖规. 中国茶叶历史资料选辑［M］. 北京：农业出版社，1981.

［3］程启坤，庄雪岚. 世界茶叶100年［M］. 上海：上海科技教育出版社，1995.

［4］邓楠.《中国21世纪议程》：中国可持续发展战略［J］. 中国人口、资源与环境，1995.

［5］骆耀平. 茶树栽培学［M］. 北京：中国农业出版，2014.

第二章 茶树的生物学基础

1753年，瑞典植物学家林奈将茶树的学名初步定为*Thea sinensis* Linne。后来，德国植物学家孔采将茶树的学名定为现在的学名*Camellia sinensis*（L.）O. Kuntze，即茶树是山茶科、山茶属的一个种。*Camellia*是山茶属，*sinensis*是中国种。茶树学名就具有"茶是原产于中国的一种山茶属植物"的含义。

第一节 茶树的原产地及变种分类

一、茶树原产地

茶树原产于中国，自古以来，一向为世界所公认，只是在1824年之后，印度发现有野生茶树，个别国外学者以印度野生茶树为依据，同时认为中国没有野生茶树，对"中国是茶树原产地"提出异议，在国际学术界引发了争论。其实中国在公元200年，《尔雅》中就提到有野生大茶树，且现今的资料表明，中国已发现的野生大茶树，时间之早，树体之大，数量之多，分布之广，性状之异，堪称世界之最。此外，又经考证，在印度发现的野生茶树与从中国引入印度的茶树同属中国茶树之变种。正是得益于中国境内考古学与考证技术的新发展和野生茶树与古茶园的新发现，学术界才逐渐达成"中国是茶树原产地"的共识。

中国西南地区，包括云南、贵州、四川是茶树原产地的中心。由于地质变迁及人为引种栽培，茶树由原产地——中国西南地区向中国广大宜茶区域传播，与此同时，逐渐传播至世界其他产茶国家和地区。近几十年来，茶学和植物学研究相结合，从树种及地质变迁、气候变化等不同角度出发，对茶树原产地做了更加细致深入的分析和论证，进一步证明中国西南地区是茶树原产地。主要论据有三个方面：

（一）中国西南地区是山茶科、山茶属植物高度集中区域

目前所发现的山茶科植物共有23属，380余种，而中国就有15属，260余种，且大部分分布在云南、贵州和四川一带。已发现的山茶属有100多种，云贵高原就有60多种，其中以茶树种占最重要的地位。从植物学的角度，许多属的起源中心在某一个地区集中即表明该地区是这一植物区系的发源中心。山茶科、山茶属植物在中国西南地区的高度集中，说明了中国西南地区就是山茶属植物的发源中心，当属茶的发源地。

（二）中国西南地区因地质变迁成为茶树变异最多的地方

中国西南地区群山起伏，河谷纵横交错，地形变化多样，以致形成许多小地貌区和小气候区，在低纬度和海拔高低相差悬殊的情况下，导致气候差异大，使原来生长在这里的茶树，慢慢分置在热带、亚热带和温带不同的气候区中，从而导致茶树种内变异，发展成了热带型和亚热带型的大叶种和中叶种茶树，以及温带的中叶种及小叶种茶树。植物学家认为，某种物种变异最多的地方，就是该物种起源的中心地。中国西南三省，是茶树变异最多、资源最丰富的地方，当是茶树起源的中心地。

（三）中国西南地区是原始型茶树分布比较集中的地区

茶树在其系统发育的历史长河中，总是趋于不断进化之中。因此，凡是原始型茶树比较集中的地区，当属茶树的原产地。中国西南三省及其毗邻地区的野生大茶树，具有原始茶树的形态特征和生化特性，也证明了中国的西南地区是茶树原产地的中心地带。

中国是野生大茶树发现最早最多的国家，云南、贵州、广西、四川及湖北等地，自古以来就陆续发现过不少野生大茶树。早在三国时，《吴普·本草》引《桐君录》中就有"南方有瓜芦木（大茶树）亦似茗，至苦涩，取为屑茶饮，亦可通夜不眠。"之说；唐代陆羽《茶经》中就称"其巴山峡川，有两人合抱者，伐而掇之。"明代云南《大理府志》载："苍山（下关）……产茶树高一丈。"

云南的大茶树，包括野生大茶树资源，是中国主产茶省分布最广、数量最大、种类最多的，特别是在云南西南部地区更为突出。据不完全统计，目前中国已有10个省区多处发现有大茶树，云南是中国乃至世界古茶园保存面积最大、古茶树保存数量最多的地方。云南已在27个县境内发现大茶树，云南古茶园、古茶树、野生茶树群落的分布情况，目前已知如千家寨大茶树群落面积在1000亩以上连片的古茶园共14片，达21.21万亩，保存的从野生型、过渡型到栽培型类型齐全的千年以上古茶树32棵，占全国的43%，树高在数米以上的大约有20处，树干直径在100cm以上的有10余株。目前发现的大茶树主要有南糯山大茶树、巴达大茶树、邦崴大茶树、千家寨大茶树、香竹箐大茶树等。

总之，科学家普遍认为，从以上三方面情况来判断，茶树的原产地应该是在中国西南部，其起源中心的核心区域可能就在云南的普洱、西双版纳一带。

二、茶树的变种分类

种（Species）是植物分类学上的一个基本单位。所有茶树是属于一个种——茶树[*Camellia sinensis*（L.）O. Kuntze]。不论乔木型或灌木型的各种茶树，在形态特征上有许多共同点，而且能进行天然交配，产生正常的后代（如福丁大白茶与云南大叶种的天然杂种就是一个典型例子），而且不论乔木型大叶种或灌木型小叶种，其染色体数目都是相等的（$2n=30$），在细胞遗传学上没有差异。这些都充分证明它们都起源于一个共同的祖先。可见，过去有人将茶树划分为两个种的观点是欠妥的。

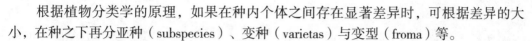

根据植物分类学的原理，如果在种内个体之间存在显著差异时，可根据差异的大小，在种之下再分亚种（subspecies）、变种（varietas）与变型（froma）等。

茶树种内个体之间的变异是十分显著的。从植株高度而言，有高大的乔木，也有矮小的灌木；从叶片大小而言，有叶长达35cm的特大叶，也有3cm左右的瓜子种；再从其他营养器官和生殖器官的形态结构以及生物学特性等方面来看，也都存在广泛的变异。综合国内外关于茶树变种分类的资料，联系茶树变异的实际，以茶树的亲缘关系、主要特征特性和地理分布等为依据，综合国内外有关资料，特提出如下的分类系统：茶树种以下分两个亚种，即：云南亚种（ssp. *yunnan*）与武夷亚种（ssp. *bohea*）：云南亚种包括云南变种（var. *yunnansis*）、川黔变种（var. *chuan-qiansis*）、皋芦变种（var. *macrophylla*）和阿萨姆变种（var. *assamica*）；武夷亚种包括武夷变种（var. *bohea*）、江南变种（var. *jiangnansis*）和不孕变种（var. *sterilities*）。

第二节　茶树的植物学特性

茶树原产于中国，属山茶科，山茶属植物。茶树可分为地上部分和地下部分。地上部分由芽、叶、茎、花、果实等器官组成，又称树冠；地下部分由长短、粗细和颜色各不同的根组成，又称根系。连接地上部与地下部的交接处，称为根颈。茶树的各个器官是有机的统一整体，彼此之间密切联系，相互依存。了解茶树的植物学特性，掌握其生长发育规律，是科学运用各项技术措施，实现优质、高产和高效栽培的理论基础。

一、地下部分

茶树根系担负着固定植株、吸收运输、合成、贮藏营养和水分以及气体交换等主要功能。茶树根系由主根、侧根、须根（吸收根）和根毛构成。

（一）主根

茶树种子的胚根生长形成主根，实生繁殖（种子繁殖）茶苗主根明显，而扦插繁殖的茶苗则没有明显的主根。

（二）侧根

侧根着生在主根上，大致呈横向生长，多数分布在20~50cm土层内。主根和侧根分别呈棕灰色和棕红色，寿命较长，主要用来固定茶树，并将须根从土壤中吸收的水分和矿物质营养输送到地上部分。

（三）须根

须根，又称吸收根，一般分布在地表下5~45cm土层内，集中分布于地表下20~30cm的土层内。呈白色透明状，其上密生根毛，吸收水分、无机盐和少量CO_2，寿命短且

不断更新中，未死亡的则发育成侧根。

茶树根系在土壤中的分布，依树龄、品种、种植方式与密度、生态条件以及农业技术措施等而有异。茶树根有趋肥性、向湿性、忌渍性和向土壤阻力小的方向生长的特性，故有时根系幅度和深度不一定与树冠幅度和高度相对应。根系分布状况与生长动态是茶园施肥、耕作和灌溉等作业的主要依据。"根深叶茂、本固枝荣"揭示了培育好根系的重要性。

二、地上部分

（一）树型

茶树因分枝部位不同而使主干表现不同，茶树树型可分：乔木型、小乔木型和灌木型三种类型。

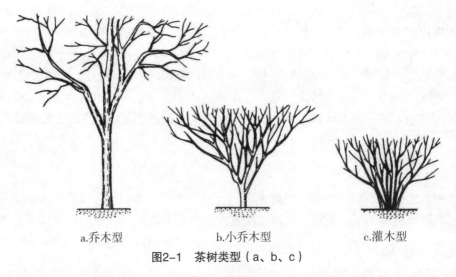

a.乔木型　　　　　　b.小乔木型　　　　　c.灌木型

图2-1　茶树类型（a、b、c）

a. 乔木型茶树主干明显，分枝部位高，植株高大，抗寒性弱，适宜在我国热带地区栽培。

b. 小乔木型茶树基部主干较明显，分枝部位较低，高植株较高大，适宜在我国华南和西南茶区栽培。

c. 灌木型茶树主干不明显，从根颈处分枝，植株较矮小，耐寒性较强，适宜在我国江北和江南茶区栽培。

（二）树姿

树冠形状因分枝角度不同而分为直立状、半开展状（半披张状）和开展状（披张状）三种（图2-2）。

a.直立状分枝角度<35° 枝条向上伸展。

b. 半开展状（半披张状）分枝角度35°～45°。

c. 开展状（披张状）分枝角度＞45°以上，枝条向四周斜伸展。

当二种树姿百分数相等，则可记作任何一种，如某种直立和半开展各占40%，则可记作直立或半开展。

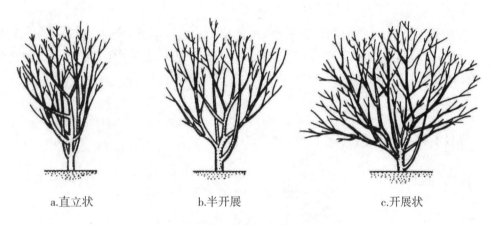

　　　a.直立状　　　　　　　　b.半开展　　　　　　　　c.开展状

图2-2　茶树树冠状态

（三）枝干

枝干分枝部位不同，其作用亦不同。

主干：茶树幼年期分枝处以下至根颈的部位。

分枝层次：从主干上发生的分枝为第一层分枝，由第一层分枝发生的分枝为第二层分枝……依此类推进行统计。

骨干枝：从主干上发生的至采面以下的粗壮分枝，构成树冠骨架，因其着生的部位不同而冠以一级、二级、三级……骨干枝。

生产枝：采面下的细枝统称，是萌生采摘新梢的枝条。

鸡爪枝（结节枝）：成年茶树的分枝因多次采摘，采面上的生产枝愈分愈密，愈分愈细形成许多弯曲的结节，形似鸡爪。

分枝密度：分稀、中、密等。

节间长度：着生叶的部位称节，节与节间距离称节间长度，因叶在枝干上的位置不一，节间长度也不相同，要选择正常新梢的真叶第二到第三叶的节间进行测定，亦可将整个枝条测量后再求平均值。

（四）叶芽

叶芽为营养芽，按照着生部位分为定芽和不定芽。

1. 定芽

定芽分为顶芽和腋芽。位于枝条顶端的芽称为顶芽，着生在枝条叶柄与茎之间的芽称为腋芽。顶芽和腋芽都有固定的位置，统称为定芽，顶芽停止生长而形成"驻芽"，

驻芽与尚未活动的芽统称为休眠芽。

2. 不定芽

不定芽又称潜伏芽，是指肉眼难以发现的，隐藏在树干或根颈部树皮内的芽，通常情况下，潜伏芽常呈休眠状态，只有当茶树树干砍去一部分或全部时，剩余部分的潜伏芽才会萌发生长。因此，人们常利用这种特性采用重修剪或台刈的方法以改造构冠，复壮茶树。

芽的大小、形状、色泽以及着生茸毛的多少与茶树品种、生长环境、管理水平有关。一般对绿茶品种来说，芽叶重、茸毛多、有光泽的，是茶树生长健壮、品种优良的重要标志。

（五）叶

茶叶有鳞片、鱼叶和真叶三种（如图2-3）。

图2-3
1.芽头；2.真叶；3.鱼叶；4.鳞片

（1）鳞片为幼叶的变态，无叶柄，质地较硬，色黄绿或褐色，外表有茸毛和蜡质，有保护嫩芽、抗寒、降低蒸腾失水以及防止虫害等作用。鳞片是复瓦状，越冬芽一般有3～5片，随着芽的膨大和叶片的伸展很快脱落。

（2）鱼叶是新梢上抽出的第一片叶子，也称"胎叶"，颜色淡绿、叶面积较小，一般中小叶种叶长不超过2cm，由于其发育不完全，形如鱼鳞，并因此而得名。鱼叶叶柄宽而扁平，侧脉隐而不显，叶缘全缘或前端锯齿，叶尖圆钝或内凹。一般每梢基部有1片鱼叶，少数有2～3片或者无鱼叶。

（3）真叶是发育完全的叶片。

叶片大小：取新梢基部以上第二三叶位的定型叶，叶面积＞50cm^{2}为特大叶型、

28～50cm²为大叶型、14～28cm²为中叶型、<14cm²为小叶型。中茶还以叶脉的对数（10对以上）作为大叶型与中小叶型的判断。叶片大小是品种分类的第二等级。

叶形：依叶形指数（长/宽）分为椭圆形、长椭圆形、圆形、披针形等，其中以椭圆形和长椭圆形居多。

（1）长椭圆形：长/宽=2.5～3.0，叶最宽处在中部。

（2）椭圆形：长/宽=2.0～2.5，叶最宽处在中部。

（3）近圆形：长/宽<2.0，叶最宽处在近基部。

（4）披针形：长/宽>3.0以上，叶最宽处在近基部。

叶色：茶树叶片有淡绿、绿、黄绿、深绿、浓绿色、紫绿色。影响叶色的物质主要是叶肉的色素，其中主要是叶绿素、叶黄素、花青素。叶色与适制性有关，叶色较深的即浓绿的内含叶绿素较多，含氮化合物较多，较适合绿茶"清汤绿叶"品质，因此，适制绿茶。叶色较淡的，在红茶发酵中较好，适制红茶。

叶尖：描述形状有急尖、渐尖、钝尖、圆尖（如图2-4）。

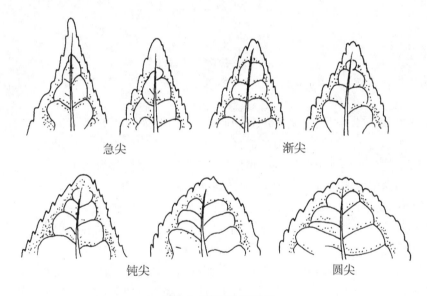

急尖　　　　　　　　渐尖

钝尖　　　　　　　　圆尖

图2-4　茶树叶尖形状

叶基：叶基部至最后一对锯齿处，分楔形（狭长）、椭圆、圆形等。

叶面：分平滑、隆起、微隆等以及叶面光泽性，分强、中、弱。凡隆起的叶片，叶肉生长旺盛，叶肉组织发达。叶面光泽性好的为优良品种。

叶缘：分平展、波、微波。叶缘上有锯齿，分粗、细、深、浅、钝并数其对数，一般为16～32对。随着叶片老化，锯齿上的腺细胞脱落并留有褐色疤痕。

叶齿：锐度（锐、中、钝）、密度（密：1cm内锯齿数≥5；中：1cm内锯齿数3～4；稀：1cm内锯齿数<3）和深度。

叶质：分硬、脆、中和柔软等。一般大叶种，叶大柔软而小叶种则脆硬，叶片硬脆，对制茶品质不良，但有利于增加抗逆性。

叶身：分内折、平、背卷。

叶脉对数：由主脉分出的闭合侧脉对数。

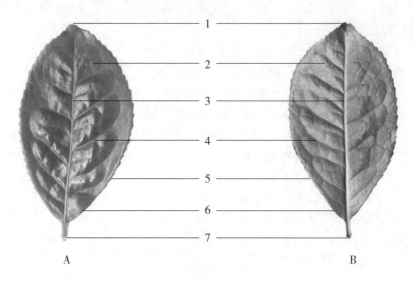

图2-5　茶树的叶片（真叶）

1. 叶尖；2. 叶片；3. 主脉；4. 侧脉；5. 叶缘；6. 叶基；7. 叶柄　A. 叶片正面；B. 叶片背面

叶解剖结构：茶树叶片是典型的背腹叶，向着阳光的一面是腹面，为上表皮，背着阳光的一面为下表皮。叶片有明显的栅栏组织、海绵组织，下表皮是同型细胞，下表皮有气孔和茸毛的分化。观测叶厚度、角质层厚度、栅栏组织和海绵组织的层数、厚度及其比例、上下表皮厚度、气孔的大小和分布密度。

叶厚度：叶片厚度，厚达600μm，薄仅120μm，一般在0.3～0.4mm。

角质层厚度：角质层是由表皮细胞内原生质体分泌到外表面的沉积物，有角质和蜡质之分。角质的化学成分是一种不饱和脂肪酸；蜡质是一类游离高碳脂肪酸、游离脂肪酸和高碳烃等化合物的混合物。由于角质层和蜡质的沉积受气候和环境的影响，因此叶片表面角质层堆积的纹饰，常用作判别野生茶树与栽培茶树的依据。野生茶树的角质层发育得较厚，从角质层内表面观察，它们的凸突缘都较深、较高，甚至形成了角质角。栽培型茶树的角质层是较规则的细胞形皱脊，表面较光滑。大叶种2～4μm；中小叶种4～8μm。

表皮细胞：表皮细胞是围绕在叶片表面的一层细胞，一般呈板块状结构，排列紧密，无细胞间隙，它的形态常受角质层影响。野生茶表皮细胞为波浪形，且波纹较大；栽培型茶树大多是圆形或微波形，形状比较稳定，是区分野生茶和栽培茶的主要特征之一。

栅栏组织：中小叶种有2层，多达3层；大叶种通常只有的1层，遮阴下会增加。野生茶树的叶肉细胞在光镜下观察为一层栅栏组织，排列紧密而整齐。

台湾研究，上表皮厚度与红茶汤色、香味均呈负相关，上表皮厚度与绿茶形状呈极显著正相关。栅栏组织和海绵组织的密度与产量呈极显著正相关。

上表皮厚、栅栏组织厚度均与抗寒性呈高度正相关。栅栏组织和海绵组织的比值、栅栏组织与叶厚度的比值均与抗寒性呈高度正相关。海绵组织的厚度与抗寒性呈中等负相关。

（六）花

茶花为二性茶，而花芽与叶芽同时着生叶腋间，着生数1～5个，甚至更多。

花色：一般为白色，白含绿，也有黄色或粉红色。

花序：单生、对生、丛生和短轴总状花序。

花冠：交叉量其直径，求平均数和标准差。茶树花冠直径为1.4～7.5cm，特大花冠＞5cm；大花4～5cm；中花3～4cm；小花＜3cm。

花萼：数萼片，描述其颜色及茸毛有、无。

花瓣：数花瓣，描述其颜色及质地（质感）。每朵花中取最大一枚花瓣进行观察。花瓣数为5～15枚，花瓣大小为0.80～3.00cm。

雄蕊：基部排列有几层、数目、长度及其基部是否相连。雄蕊数目较多，有200～300枚。

雌蕊：量花柱长（基部至顶端的长度）。柱头的裂数和分裂的深浅。柱头分裂部位：上部（微裂）分叉部分＜花柱总长的1/3；中部（中裂）分叉部分≥花柱总长的1/3，＜2/3；基部（深裂）分叉部分≥花柱总长的2/3。子房室数和子房上茸毛（子房茸毛分特多、多、中、少和无）有、无。柱头的裂数和分裂的深浅是茶树分类的依据之一。

图2-6 茶 花

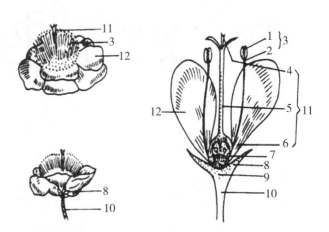

图2-7 茶花及其纵切面

1.花药；2.花丝；3.雄蕊；4.柱头；5.花柱；6.子房；7.胚珠；8.花萼；
9.花托；10.花柄；11.雌蕊；12.花瓣

雌蕊/雄蕊：有高于、等于、低于。

花式（程式）：一般为♂♀K3+3C5⌒G3。

（七）果实

茶果形状：具5粒种子的呈梅花形，4粒为正方形，3粒似三角形，2粒为肾形，1粒的呈球形，不规则形。

果壳厚度：测量干果皮中部的厚度。

果壳/茶籽：将茶籽剥离，分别称重进行比较。

果径：分别测量。

茶籽百粒重：大粒子每粒可达2g左右（2000g/千粒），中粒约1g（1000g/千粒），而小粒仅重0.50g左右（500g/千粒）。

茶籽大小：大小粒径为0.90～19mm。

茶籽形状：取50～100粒，统计卵圆形、球形、椭圆形、肾形、锥形和半球形或其他形状的数量，以最多者为准。

茶籽颜色：以70%以上的茶籽为代表。大多为棕褐或黑褐色。

茶籽由种皮和种胚构成，种皮有外、内种皮之分；种胚由胚根、胚芽、胚茎和子叶等部分组成。

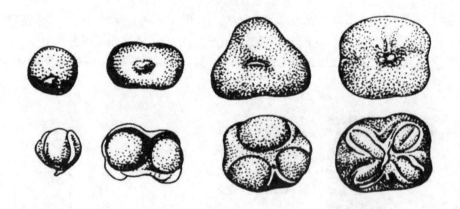

图2-8　茶果形状图

第三节　茶树的生物学特性

茶树是我国主要的经济作物之一，系多年生常绿木本植物，分枝能力和再生能力强，营养生长旺盛，树龄可达上百年，甚至数百年，其最有经济价值的栽培年限一般为50～60年。

茶树总的发育周期一般分为幼苗期、幼年期、成年期、衰老期，年发育周期分为春、夏、秋、冬四个发育阶段。茶树的各个生长阶段既各自独立又相互联系、相互制

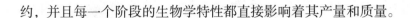

约，并且每一个阶段的生物学特性都直接影响着其产量和质量。

一、茶树总发育周期

（一）幼苗期

从种子萌发、幼苗出土到第一次生长结束形成驻芽，为幼苗期，大约经过4~8个月的时间。

茶树苗出土后，鳞片首先展开，然后是鱼叶展开，真叶最后展开。

幼苗期的茶树容易受到恶劣环境条件的影响，特别是高温和干旱对茶苗最容易造成伤害。由于此时期茶苗的角质层薄，不耐强光，根茎细弱，芽叶量少，转化积累有机物质的能力弱，水分容易被蒸腾，同时根系伸展不深，直根系吸收面积小。一旦遇到不良环境条件，就容易造成生育机能减弱，并导致地上部茎短、叶小、发芽能力差，地下部根系分布区小、吸收力弱。轻者生长缓慢，难以进入采摘投产期，重者会出现枯死。因此，茶树的幼年期是抗逆性较差的时期，是需要重点培育的时期，在栽培管理上要保持土壤含水量适宜。

（二）幼年期

当真叶展开3~5片时，茎顶端的顶芽形成驻芽，第一次生长停止。从第一次生长停止到茶树第一次开花结实，历时3~4年，称为幼年期。

幼年期的长短与栽培管理水平、自然条件有着密切关系。幼年期是茶树生理机能活跃的时期，根系和地上部分迅速扩大，营养生长十分旺盛。因此，幼年茶树，孕育花蕾少，落花、落蕾严重，即使是4年生幼年茶树结实也不多。

幼年期是茶树发育阶段的蓬勃上升期，抗逆性增强，生命力旺盛，茶树各个器官的细胞分生能力强，分生作用速度快，较容易培养成高产优质的树冠。

（三）成年期

茶树自定型后至第一次出现自然更新为止，称为成年期。

成年期茶树生长极为旺盛，开花结果达到高峰，同时，茶树对肥、水及光、温等条件的要求也更为迫切，这是茶树最有经济价值的时期。这一时期树冠分枝密集，芽多而密，花果增多，生长发育旺盛。因此，栽培管理的任务是要尽量延续茶树高产优质年限，最大限度地提高经济效益。为此，要特别注意土肥管理，加强茶树营养，合理修剪，防止病虫危害，保持茶树旺盛生命力，使茶树成年期持续年限达到20~30年，甚至更长。

（四）衰老期

随着茶树年龄的增长，其生长势渐趋衰退，这一阶段称为衰老期；主要表现为树冠面上新梢节间缩短，芽叶变小，"对夹叶"大量出现，"鸡爪枝"与枯枝不断产生，从

而促使下部枝条与根颈处的潜伏芽萌发，"地蕻枝"相继生长，逐步取代衰老枝，开始出现"自然更新"现象。

通常对于衰老期茶树的地上部分改造，按照茶树衰老程度，选用重修剪或台刈措施剪掉衰老细弱枝条，促进新梢的重新萌发。对于地下部的根系改造，一般是采取深挖改土，增施肥料，给茶树根部创造一个良好的生长环境；促使萌发大量新的根系群，更新老化根系，增强茶树根系的吸收转化能力，使地上部和地下部重新展现出旺盛生机。此后经一定年限或人为的多次修剪、采摘、培育后，会再次衰老，又进行第二次更新。如此往复循环，经多次更新复壮后，复壮效果锐减，新生枝越来越少，复壮间隔的时间亦愈来愈短。当经过反复人为更新，即使加强肥水等培育管理，也无法增加产量时，则应挖除老茶树，进行换种改植，重新建园。

总之，依据茶树不同发育阶段的生物学特征分析，其形成持续丰产优质的规律可概括为四点：

第一，茶树幼年阶段抗逆性弱，易受环境条件的影响，然而幼年期生长势的强弱，直接关系着成年期的产量高低和持续丰产期的长短。

第二，茶树成年阶段是建立健壮树势的关键时期，在这一阶段的树干树冠和根系生长势强，是构成高产优质的基础。通常生长势强，不仅表现高产优质，而且持续丰产期也长，如果较弱则反之。

第三，茶树壮年阶段，既是生产性能综合反应的时期，也是不断更新生育衰弱因素的形成时期。一般情况下，衰弱因素少，丰产优质的年限就长，衰弱因素多，丰产优质的年限就短。所以茶树成年期，是高产优质与低产劣质相互交替时期，也是茶树生育机能表现较为复杂的时期。

第四，茶树衰老期，不仅是茶树生长力和生长势衰弱时期，也是产量和品质不断下降时期。在这一阶段如果采取更新改造措施，重新培育树势，促进生长力，仍可使其丰产期再次延长，直至达到一段较稳定的高产、优质投产期，并能获得较高的经济收益。

二、茶树年发育周期

年发育周期是茶树各器官在外界条件下生长发育的周期性。茶树的生长具有一定的周期性，每一个器官或器官的某一个部分从生长开始到休止期间，总是表现为生长初期速度缓慢，随后逐渐加快，随后又减缓，趋向一定的水平的"S"形曲线，最后生长相对休止。

（一）昼夜周期性

一天中随昼夜变化的生长发育称为昼夜周期。茶树各器官生长在昼夜长短和光波的影响下，夜间生长快，白天生长慢。不同季节之间，茶树新梢昼夜生长有差异，春季末期（5月上旬）白天生长快于夜间，但夏季相反。这是由于春季雨水多，光照适宜，气温较低，湿度高，既利于进行光合作用，又利于组织分化，合成物质能及时分解转化供应生长之用，而夏季日照长，光较强，气温高，在短波光（蓝、紫）影响下，细胞生长

受到抑制，因此夜间生长快于白天。

（二）季节周期性

一年中随季节气候而变化的生长为季节周期。生长在潮湿热带的茶树，一年四季均能持续生长，没有明显休眠期，或者休眠期很短。世界大部分茶区的茶树因受季节气温高低，日照长短，降雨多少等条件的影响而有或长或短的休眠。我国大部分茶区秋末气温逐渐下降，日照时数转短，茶树就进入越冬休眠，体内水分减少，抗低温能力增强。茶树在休眠期间，新陈代谢水平下降，呼吸强度弱，生长极为微弱。从冬季到初春，休眠逐渐加深；到春季气温逐渐回升，日照时间延长才恢复生长。在正常的生长过程中，茶树叶常有短暂的休眠且生长速度的快慢受当地气候条件所制约。

三、茶树各器官形成过程的生理变化

（一）茶籽的萌发

茶籽在霜降前后成熟，大致在10月中旬前后即可采收。在常温条件下贮存茶籽的寿命不足1年。茶籽采收以后冬季立即播种后，大约经4~5个月于翌年春季开始萌发；茶籽经过贮藏春季播种时，在土壤中经过一个多月后便可萌发。茶籽萌发的过程也是子叶中干物质消耗的过程。在适宜的温度和水分条件下，茶籽首先吸水膨胀，随着茶籽内部水分的增加，生理活动趋于旺盛。胚细胞开始分裂伸长，继而长出胚根和胚芽，而后成为幼苗。茶籽萌发过程必需三个基本条件，充足的水分（50%~60%）、适宜的温度（25~28℃）和新鲜的空气。

（二）茶树新梢的生长

枝梢生长始于茶芽萌发，在一定的温度和水分条件下，芽体开始膨大伸长，随后鳞片、鱼叶和真叶相继开展。至展叶末期，伸长速度减缓，转向粗大发展。梢上的顶芽随展叶数增加逐渐变小，最终形成驻芽而休止，成为成熟新梢。自然生长的茶树新梢生长和休止，一年有4轮，即越冬萌发→第一轮生长→休止→第二轮生长→休止→第三轮生长→休止→第四轮生长→冬眠。第一轮生长的新梢称为春梢，第二轮生长的新梢称为夏梢，第三和第四轮生长的称为秋梢。

春夏之间常有鱼叶。开采期的早晚与新梢生育期的长短有着密切的关系，表现出生育具有"轮性"的特征。越冬芽萌发生长的新梢称为头轮新梢，头轮新梢采摘后，在留下的小桩上萌发的腋芽，生长成为新的一轮新梢，称为第二轮新梢，二轮新梢采摘后，在留下的小桩上重新生育的腋芽，形成第三轮新梢，依此类推。每一轮的芽是否生长、发育都取决于水分、温度和施肥情况。新梢生长的叶片数及其成熟程度不同，它的物质代谢活动和所含物质的量有着密切的关系。随着叶片的衰老，粗纤维、淀粉等物质的含量大幅增加。

我国大部分的茶区，全年可生长4~5轮新梢，少数地区或栽培管理良好的，可以发

生6轮新梢。在生产过程如何增加全年发生的轮次，特别是增加采摘轮次，缩短轮次间的间隔时间，是获得高产的重要环节。

（三）茶树根系的发育

茶树根系是地下部全部根的总称。茶树根系从土壤中吸收水分和养分，供地上部分同化和生长，同时又起到支持和固定茶树的作用。根系吸收的养分主要是矿质盐类，以及部分有机物质，如维生素、生长素等，但不吸收不溶于水的高分子物质如蛋白质、拟脂、多糖等有机化合物。根系可从土壤空气和土壤碳酸盐溶液中吸取CO_2，输送到叶片中供光合作用。同时，根系具有合成某些有机物质的能力，如酰胺类；茶叶中特有的茶氨酸也是在根部合成的。

根系和地上部分生长和休止期有相互交替进行的现象。当地上部分生长休止时，地下部分生长最活跃；地上部分生长活跃时，地下部分生长就缓慢或休止。5~6月份，地上部分新梢生育比较缓慢时，根系生育则相对比较活跃，10月份前后地上部渐趋休眠，此时根生育达到最活跃时期。茶树根系活性的年周期变化与根系生长有相似的规律，2~3月份是根系生长的高峰期，4~5月份显著降低，6~8月份又出现第二个高峰，9月至第二年1月份维持在中等水平，即到当地上部开始活跃生长前1~2个月，根系活性增强。

根系的死亡更新主要是在冬季的12月至第二年2月休眠期内进行。茶树的吸收根每年都要不断地死亡，同时也在不断地生长，这种更新现象的发生使茶树能保持旺盛的吸收能力。

第四节 茶树的适生条件

茶树自幼苗起，每一阶段生育的完成，往往是多种因素的综合反应，各种生育周期都是相互影响，相互制约的。

茶树优质丰产形成的影响主要因素有：①茶园土壤状况，包括土层深度；酸度，物理性状，营养状况以及主要化学物质的构成等；②生态气候条件，主要包括地理环境、海拔高度、纬度、温湿度、光质、光照强度等；③栽培技术措施，主要包括施肥技术，修剪技术，耕作技术，采摘技术以及综合管理技术等。实践表明，这三大影响因素是制约茶树持续丰产主要因素。茶树持续丰产的形成条件可以通过人为作用进行控制，以致达到持续优质丰产高效。

一、土壤

土壤环境条件包括物理环境、化学环境和生物环境三个方面。

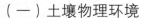

（一）土壤物理环境

物理环境是指土壤厚度、土壤质地、结构、密度、容重和孔隙度，以及土壤空气、土壤水分和土壤温度等因素。

土壤物理环境能直接和间接影响茶树根系生存的基本条件，所以土壤的好坏对茶树生育、产量、品质都有很大影响。茶树要求土层深厚，有效土层最好达1m以上，表土层或耕作层的厚度要求有20~30cm，直接受耕作、施肥和茶树枯枝落叶的影响而形成。在这层土壤中布满了茶树的吸收根，与茶树生长关系十分密切。

茶园土壤质地和结构与土壤松紧度有关，是影响土壤中固相、液相、气相三相比率的重要因子，也是影响土壤水、肥、气、热和微生物状态的重要因子。茶树生长对土壤质地的适应范围较广，从壤土类的砂质壤土到黏土类的壤质黏土中都能种茶，但以壤土最为理想。若种在砂土和黏土上，茶树生长较差。

茶园土壤质地与茶园土壤的水分状况有密切的关系。一般说来，砂性土壤通透性及排水性良好，但蓄积水分的能力较差；黏性土壤蓄水性好，但通透性及排水性较差。

（二）土壤化学环境

化学环境是指土壤的吸收机能、土壤酸碱度以及土壤养分因素。

土壤化学环境对茶树生长的影响是多方面的，其中影响较大的是土壤酸性、土壤有机质含量和无机养分的含量。茶树是喜欢酸性土壤的植物，土壤适宜pH值在4.00~6.00之间。

茶园土壤的有机质含量对土壤的物理化学性质有极大的影响，有机质含量是茶园土壤熟化度和肥力的指标之一。从我国现有生产水平出发，有机质含量3.50%~2.00%的可为一等土壤；有机质含量2.00%~1.50%的可为二等土壤；有机质含量1.50%以下的为三等土壤。高产优质的茶园土壤有机质含量要求达到2.00%以上。茶园土壤中除了有机质以外，还含有大量的矿质元素如钠、钾、钙、镁、铁、磷、铝、锌等，这些矿质元素都是茶树生长所需要的。

（三）土壤生物环境

土壤生物环境是指人类的活动以及动植物、微生物对土壤形成和肥力的影响。

二、温度

茶树和其他植物一样，有其生长发育的最适温度、能忍受的最低温度和最高温度范围。影响茶树生育的温度主要是气温、地温和积温。

（一）气温

气温受到多种因素的影响，包括光辐射的变化、纬度、海拔、坡度、方位、高度等。

1. 最低临界温度

茶树的最低临界温度在不同品种间差异很大，一般灌木的中、小叶种茶树品种耐低温能力强，而乔木型大叶种茶树品种耐低温能力弱。如灌木型的龙井种、鸠坑种和祁门种等能耐–12~–16℃的低温，小乔木型的政和大白茶只能耐–8~–10℃的低温，而乔木型的云南大叶种在–6℃左右便受伤害。所以茶树生长最低气温界定为–8~–10℃，而大叶种定为–2~–3℃。

2. 最高临界温度

最高临界温度高温对茶树的生长发育的影响和低温一样，处于高温的时间的长短决定茶树的受害程度。一般而言茶树能耐最高温度是34~40℃，生存临界温度是45℃。实践证明，当低温或高温突然发生时，对茶树的伤害往往最大。

3. 最适温度

茶树的最适温度是指茶树生育最旺盛最活跃的温度，大约是25℃。茶树的生物学起始温度即茶树开始萌发的温度为10℃。

（二）地温

地温即土壤温度，它与新梢生长呈现显著正相关，14~20℃地温为茶树新梢生育的最适宜地温。同时，茶芽开始萌发的起始地温为9℃。

（三）积温

积温是指积累温度的总和。积温分为活动积温和有效积温两种。

1. 活动积温

活动积温是指植物在某一生育时期或整个年生长期中高于生物学最低温度的温度总和。

2. 有效积温

有效积温是指植物某个生育期或整个年生长周期中有效温度之总和。有效温度是活动温度和生物学最低温度之差。当有效积温到一定程度时，就可以指挥采摘、锄草、除虫。春茶采摘期前，≥10℃的积温越高，则春茶开采期愈早，产量愈高。

三、光照

光是光合作用的能源，光质、光照强度和光照时间等不仅影响茶树代谢情况，而且也会影响其他生理过程和发育阶段。

茶树是喜散射光、漫射光的耐阴叶用经济作物，光照强度直接影响茶叶的品质。因而改善光照强度，减少直射光，增加散射光、漫射光，能够达到提高茶叶品质的目的。在空旷的全光照条件下生育的茶树和在荫蔽条件下生育的茶树，器官形态上和生理上有很大的区别。叶片在强光下生长叶形小、叶片厚、节间短、叶质硬脆；而生长在林冠下的茶树叶形大、叶片薄、节间长、叶质柔软。遮阴对茶叶品质因素构成的调控作用，有利于茶叶品质的提高。

（一）光质

茶树对光质的反应较敏感，在相同辐射能下，茶树叶片光合速率高低依次为黄光＞红光＞绿光＞蓝光＞紫光；在相同光量子通量密度下，则依次为红光＞蓝紫光＞黄光＞绿光。生长在不同光质光下的茶树叶片，其光合速率有很大差别。茶叶品质成分（如茶多酚、氨基酸和咖啡因等）也因光质不同而异。日本已采用黑色寒冷纱、尼龙纱网、无纺布、不同颜色（黄、黑、银灰）尼龙纤维混织纱网，进行覆盖，春茶提前开采，夏、秋茶产量、品质明显提高。

（二）光照强度

一年四季光照强度各不相同，以夏季光照强度最大，秋季次之，春季最低。对全年三季各轮不同时期新梢一芽二叶蒸青样化学成分含量进行分析，氨基酸决定茶叶鲜爽味并影响茶叶香气，三季节中以春季茶叶氨基酸总量最高。茶多酚含量以夏季最高，秋季次之，春季最少。由此可见，季节不同其光照强度不同，茶叶品质亦随之不同，春季光照强度最低，绿茶品质好；夏季光照强度高，绿茶品质则差；秋季各项指标介于两季之间。从酚氨比来看，夏、秋两季适合制红茶，因而在品种安排上最好种植红绿兼制的品种。

四、降雨量

水分既是茶树有机体的重要组成部分，也是茶树生育过程中不可缺少的生态因子。茶树喜湿怕涝，因此适宜栽培茶树地区的年降雨量必须在1000mm以上。一般认为茶树栽培最适宜的年降雨量为1500mm左右。

空气湿度也是影响茶树生育的主要气候因子，常以相对湿度来表示。在茶树生长活跃期相对湿度以80%～90%为宜；＜50%，新梢生长受抑制；40%以下时将受害。春季，空气湿度对茶树影响不大，夏秋季应适当喷施水分，随着湿度的增加，产量也在一定程度上增加，这是由于湿度大，漫射光增多，蓝紫光增加，有利于氮代谢，同时减缓了地表散失水分，降低了茶树的蒸腾作用。

除了上述光、热、水等主要气候因子外，风、冰雹和大雪等气候因子对茶树生育也会有一定的影响。

五、地形

地形包括经纬度、海拔、坡向、地形、地势等，这些因子主要是对气候因子有影响，从而综合地影响茶树的生育和茶叶品质。所谓"高山云雾出好茶"中的"高山"指的就是高海拔茶区，其气候因子有利于优良品质的形成。

（一）地理纬度

地理纬度不同，其光照强度、时间、气温、地温和降水量均不同。我国茶区南自北纬18°的海南省榆林，北至北纬38°附近的山东省蓬莱。一般而言，纬度偏低的茶区年平均气温高，往往有利于碳元素代谢，多酚类的积累较多，但含氮物质量较低，纬度高的地区则相反。

（二）海拔

海拔不同，各种气候因子也有很大的变化。总的来说，海拔越高，气压与气温越低，而降水量和空气湿度在一定高度范围内随着海拔的升高而升高，超过一定高度又下降。山区云雾弥漫，漫射光有利于促进茶叶中氨基酸的形成，同时高海拔地区昼夜温差大，白天积累的物质在晚间被呼吸消耗得少。因此，高山茶具有香气馥郁、滋味鲜爽的特点。根据中国农业科学院茶叶研究所的研究结果，我国一般茶区，海拔800m左右的山区有较好的品质，云南省由于独特的地理环境，海拔1000m以上的山区产出的茶品质较好。随着海拔高度的增加，茶多酚呈现出下降的趋势，而氨基酸则逐渐增加。

（三）坡向

坡向是影响茶叶氨基酸含量的一个重要因素。因为东南向和西南向的茶园，在早晨和傍晚空气湿度高、气温较低时受到较多的漫射光照射，这些条件都有利于茶中氨基酸的合成和积累，其中又以东南向为最佳。而正南向的茶园主要受中午前后强直射光，此时空气湿度低、气温较高，植株易形成水分损失，不利于茶叶品质成分的积累，在强光下茶氨酸趋向分解，氨基酸总量相对较低。

思考题

1. 茶树地上部分和地下部分是如何划分的？各有哪些器官组成？
2. 茶树的一生分为几个阶段？各阶段有哪些特点？
3. 简述茶树的适生条件。

参考文献

[1] 虞富莲. 中国的野生大茶树 [J]. 中国茶叶，1989（02）：6-7.

[2] 庄晚芳，刘祖生，陈文怀. 论茶树变种分类 [J]. 浙江农业大学报，1981（01）：43-50.

[3] 陈兴琰，陈国本，张芳赐，等. 中国大茶树 [J]. 中国茶叶，1980（01）：1-5+2.

第三章 茶树栽培品种与繁殖

新建茶园和改植换种的老茶园都需要解决如何选种和繁育的问题。茶树良种在茶叶生产中起着至关重要的作用，早产、品质高、抗逆性好、产量高、适制性广的茶树良种能够给茶叶生产带来巨大经济效益。不同地区，选种与繁育的侧重点会有不同，掌握好选种育种技术要点至关重要。

第一节　中国主要茶树栽培品种

我国是茶树的原产地，人工栽培茶树的历史文献记载已有3000年，长期的自然选择、栽培驯化，形成了丰富的种质资源。我国现有茶树栽培品种600多个，栽种面积较大的有250多个；从1985年至2012年，共有经过国家审（认）定的品种124个。其中国家级良种96个（云南省占5个），有性系品种17个，无性系品种107个。现择目前生产上主要栽培的或适宜推广的77个品种简介于后。

表3-1　国家审（认）定的茶树品种简介

序号	品种名称	原产地或选育单位	审（认）定时间（年）	繁殖方式	主要特征特性	适制茶类	适宜推广茶区
1	福鼎大白茶	福建福鼎市店头镇柏柳村	1984	无性系	小乔木，中叶，早生，树姿半开张，芽叶黄绿色，茸毛特多，持嫩性强，产量高，抗寒、旱强	红、绿、白	江南、江北
2	福鼎大毫茶	福建福鼎市店头镇汪家洋村	1984	无性系	小乔木，大叶，早生，树姿较挺直，芽叶黄绿色，茸毛特多，持嫩性较强，产量高，抗旱、寒性强	红、绿、白	江南、江北、华南
3	黄山种	安徽歙县	1984	有性系	灌木，大叶，中生，树姿半开张，芽叶绿色，茸毛多，持嫩性强，产量高，抗寒，适应性强	绿	江南、江北
4	祁门种	安徽祁门县	1984	有性系	灌木，中叶，中生，树姿半开张，芽叶黄绿色，茸毛中等，持嫩性强，产量较高，抗寒性强	红、绿	江南、江北
5	政和大白茶	福建政和县铁山乡	1984	无性系	小乔木，大叶，晚生，树姿直立，芽叶黄绿微带紫，茸毛特多，产量高，抗寒性较强	红、白	江南

续表3-1

序号	品种名称	原产地或选育单位	审（认）定时间（年）	繁殖方式	主要特征特性	适制茶类	适宜推广茶区
6	福建水仙	福建建阳区小湖乡大湖村	1984	无性系	小乔木，大叶，晚生，树姿直立，芽叶淡绿色，茸毛较多，持嫩性较强，产量较高，抗旱、寒性强	青、红、白	江南
7	铁观音	福建安溪县西平镇松尧村	1984	无性系	灌木，中叶，晚生，树姿半开张，芽叶绿带紫红色，茸毛较少，持嫩性较强，产量中等，抗旱、寒性较强	青	江南
8	梅占	福建安溪县芦田镇	1984	无性系	小乔木，中叶，中生，树姿直立，芽叶绿色，茸毛较少，持嫩性较强，产量高	青、红、绿	江南
9	毛蟹	福建安溪县大坪乡	1984	无性系	灌木，中叶，中生，树姿半开张，芽叶淡绿色，茸毛多，持嫩性一般，产量高，抗旱、寒性较强	青、红、绿	江南
10	黄金桂	福建安溪县虎邱镇罗岩美庄	1984	无性系	小乔木，中叶，早生，树姿较直立，芽叶黄绿色，茸毛较少，持嫩性较强，产量高，抗寒、旱性强	青、红、绿	江南
11	本山	福建安溪县西坪镇	1984	无性系	灌木，中叶，中生，树姿开张，芽叶绿带紫红色，茸毛较少，持嫩性较强，产量中等，抗旱、寒性较强	青、绿	华南、江南
12	大叶乌龙	福建安溪县长坑乡	1984	无性系	灌木，中叶，中生，树姿开张，芽叶绿色，茸毛少，持嫩性较强，产量中等，抗旱、寒性较强	青、红、绿	江南华南
13	大叶乌龙	福建安溪县长坑乡	1984	无性系	灌木，中叶，中生，树姿开张，芽叶绿色，茸毛少，持嫩性较强，产量中等，抗旱、寒较强	青、红、绿	江南华南
14	大面白	江西上饶县上户乡洪水坑	1984	无性系	灌木，大叶，早生，树姿开张，芽叶黄绿，茸毛多，产量高，持嫩性强	青、红、绿	江南
15	上梅州种	江西婺源县梅林乡上梅州村	1984	有性系	灌木，大叶类，早生种，植株较高大，树姿开张，芽叶黄绿色，茸毛多，产量高，抗旱、寒性强	绿茶	江南
16	宁州2号	江西九江市茶叶科学研究所	1984	无性系	灌木，中叶，中生，树姿开张，茸毛中等，产量高，抗寒性较强，抗旱性较弱	红、绿	江南
17	宜昌大叶种	湖北宜昌市	1984	有性系	小乔木，大叶，早生，树姿半开张，芽叶黄绿色，茸毛多，持嫩性强，产量较高，抗寒性强	红、绿	江南、江北

续表3-1

序号	品种名称	原产地或选育单位	审（认）定时间（年）	繁殖方式	主要特征特性	适制茶类	适宜推广茶区
18	乐昌白毛茶	广东乐昌市	1984	有性系	乔木，大叶，早生，树姿半开张，芽叶绿或黄绿色，茸毛特多，产量较高，抗寒性较强	红、绿	华南
19	凌云白毛茶	广西凌云、乐业等县	1984	有性系	小乔木，大叶，中生，树姿半开张，芽叶黄绿色，茸毛特多，吃嫩性强，产量中等，抗旱、寒性强	红、绿	华南、西南
20	早白尖	四川连州市	1984	有性系	灌木，中叶，早生，树姿开张，芽叶淡绿色，茸毛多，产量高，抗逆性强	红、绿	江南
21	勐库大叶种	云南双江县勐库镇	1984	有性系	乔木，大叶，早生，树姿开张，芽叶黄绿，茸毛特多，持嫩性强，产量较高，抗寒性较弱	红、绿、普洱	西南、华南
22	勐海大叶茶	云南勐海县南糯山	1984	有性系	乔木，大叶，早生，树姿开张，芽叶黄绿色，茸毛特多，持嫩性强，产量较高，抗寒性较弱	红、绿、普洱茶	西南、华南
23	凤庆大叶茶	云凤庆县	1984	有性系	乔木，大叶，早生，树姿开张，芽叶绿色，茸毛特多，持嫩性强，产量较高，抗寒性较弱	红、绿	西南、华南
24	黔湄502	贵州湄潭县茶叶科学研究所	1987	无性系	小乔木，大叶，中生，树姿开张，芽叶绿色，茸毛多，产量高，抗寒性较弱	红、绿	西南
25	黔湄419	贵州湄潭县茶叶科学研究所	1987	无性系	小乔木，大叶，晚生，树姿半开张，芽叶淡绿色，茸毛多，持嫩性强，产量高，抗寒性较弱	红茶	西南
26	福云6号	福建省农业科学院茶叶研究所	1987	无性系	小乔木，大叶，特早生，树姿半开张，芽叶淡黄绿色，茸毛特多，持嫩性较强，产量高，抗寒、抗旱性较强	红、绿、白	江南
27	安徽7号	安徽省农业科学院茶叶研究所	1987	无性系	灌木，中叶，中生，树姿直立，芽叶淡绿色，茸毛中等，产量高，抗寒高	绿	江南、江北
28	安徽3号	安徽省农业科学院茶叶研究所	1987	无性系	灌木，大叶，中生，树姿半开张，芽叶淡黄色，茸毛多，产量高，抗寒性强	红、绿	江南、江北
29	翠峰	浙江杭州市茶叶科学研究所	1987	无性系	小乔木，中叶，中生，树姿半开张，芽叶翠绿色，茸毛多，持嫩性一般，产量高，抗寒性较强	绿	江南

续表3-1

序号	品种名称	原产地或选育单位	审（认）定时间（年）	繁殖方式	主要特征特性	适制茶类	适宜推广茶区
30	龙井43	中国农业科学院茶叶研究所	1987	无性系	灌木，中叶，特早生，树姿半开张，芽叶绿带黄，茸毛少，持嫩性一般，产量高，抗寒性强	绿	江南、江北
31	迎霜	浙江杭州市茶叶科学研究所	1987	无性系	小乔木，中叶，早生，树姿直立，芽叶黄绿色，茸毛多，持嫩性强，产量高，抗寒性强	红、绿	江南
32	锡茶5号	江苏无锡市茶叶品种研究所	1994	无性系	灌木，大叶，中生，树姿半开张，芽叶绿色，茸毛较多，产量高，抗寒性较强	绿茶	江南、江北
33	锡茶11号	江苏无锡市茶叶品种研究所	1994	无性系	小乔木，中叶，中生，树姿半开张，芽叶淡绿色，茸毛多，产量高，抗寒性较强	红、绿	江南、江北
34	龙井长叶	中国农业科学院茶叶研究所	1994	无性系	灌木，中叶，早生，树姿较直立，芽叶淡绿色，茸毛中等，持嫩性强，产量高，抗旱、寒、适应性强	绿	江南、江北
35	浙农113	浙江农业大学	1994	无性系	小乔木，中叶，早生，树姿半开张，芽叶黄绿色，茸毛多，持嫩性强，产量高，抗寒、旱、病虫强	绿	江南、江北
36	杨树林783	安徽祁门县农业局	1994	无性系	灌木，大叶，晚生，树姿半开张，芽叶黄绿色，持嫩性强，产量中等，抗寒性强	红、绿	江南、江北
37	信阳10号	河南信阳茶叶试验站	1994	无性系	灌木，中叶，中生，树姿半开张，芽叶淡绿色，茸毛中等，产量高，抗寒性强	绿茶	江北
38	槠叶齐12	湖南省农业科学院承压额研究所	1994	无性系	灌木，中叶，中生，树姿半开张，芽叶黄绿色，茸毛少，持嫩性强，产量高，抗旱、寒性较强	红、绿	江南、江北
39	白毫早	湖南省农业科学院茶叶研究所	1994	无性系	灌木，中叶，早生，树姿半开张，芽叶淡绿色，茸毛多，产量高，抗寒、病虫性强	绿茶	江南、江北
40	黔湄601	贵州湄潭县茶叶科学研究所	1994	无性系	小乔木，大叶，中生，树姿开张，芽叶深绿色，茸毛特多，持嫩性强，产量高，抗寒性尚强	红、绿	西南

续表3-1

序号	品种名称	原产地或选育单位	审（认）定时间（年）	繁殖方式	主要特征特性	适制茶类	适宜推广茶区
41	宜红早	湖北宜昌市农业局茶树良种站	1998	无性系	灌木，中叶。早生，树姿半开张，芽叶黄绿色，茸毛尚多，持嫩性较强，产量较高，抗寒性较高、抗旱、病虫性中等	红、绿	江南、华南
42	舒茶早	安徽舒城县农业技术推广中心	2001	无性系	灌木，中叶，早生，树姿半开张，芽叶淡绿色，茸毛中等，产量高，抗寒、寒性强	绿	江南、江北
43	凫早2号	安徽省农业科学院茶叶研究所	2001	无性系	灌木，中叶，早生，树姿直立，芽叶淡黄绿色，茸毛中等，持嫩性强，产量较高，抗寒性高	红、绿	江南、江北
44	黄观音	福建省农业科学院茶叶研究所	2001	无性系	小乔木，中叶，早生，树姿半开张，芽叶黄绿微带紫色，茸毛少，持嫩性强，产量高，抗旱、寒性强	青、红、绿	华南、西南
45	悦茗香	福建省农业科学院茶叶研究所	2001	无性系	灌木，中叶，中生，树姿半开张，芽叶淡紫绿色，茸毛少，持嫩性强，产量较高，抗旱。寒性强	青	华南、西南
46	茗科1号	福建省农业科学院茶叶研究所	2001	无性系	灌木，中叶，早生，树姿半开张，芽叶紫红色，茸毛少，持嫩性较强，产量高，抗旱、寒性强	青	华南、西南
47	南江2号	重庆市茶叶研究所	2001	无性系	灌木，中叶，早生，树姿半开张，芽叶黄绿色，茸毛较多，产量高，抗寒性较强	绿	西南
48	黔湄809	贵州湄潭县茶叶科学研究所	2001	无性系	小乔木，大叶，中生，树姿半开张，芽叶淡绿色，茸毛多，持嫩性强，产量高，抗寒性强	红、绿	西南
49	鄂茶1号	湖北省农业科学院果茶研究所	2001	无性系	灌木，中叶，中生，树姿半开张，芽叶黄绿色，茸毛中等，持嫩性强，产量高，抗寒、旱性强	绿	江南、江北
50	赣茶2号	江西婺源县	2001	无性系	小乔木，中叶，中生，树姿半开张，芽叶淡绿色，茸毛多，产量中等，抗寒性较强	绿茶	江南
51	岭头单丛	广东潮州市饶平县	2001	无性系	小乔木，中叶，早生，树姿半开张，芽叶黄绿，茸毛少，产量高，抗寒性强	红	华南、西南

续表3-1

序号	品种名称	原产地或选育单位	审（认）定时间（年）	繁殖方式	主要特征特性	适制茶类	适宜推广茶区
52	五岭红	广东省农业科学院茶叶研究所	2001	无性系	小乔木，大叶，早生，树姿开张，芽叶黄绿色，茸毛少，持嫩性强，产量高，抗寒较弱，抗寒较强	红	华南、西南
53	桂绿1号	广西桂林市茶叶科学研究所	2003	无性系	灌木，中叶，特早生，树姿开张，芽叶黄绿色，茸毛中等，产量较高，抗旱、寒性强	绿	西南
54	名山白毫	四川省名山区农业局	2005	无性系	灌木，中叶，特早生，树姿半开张，芽叶黄绿色，茸毛特多，持嫩性强，产量高，耐寒性较强	绿	江南、华南
55	中茶108	中国农科院茶叶研究所	2010	无性系	灌木，中叶，特早生，树姿半开张，叶色绿，茸毛少，持嫩性较强，耐寒性强	绿	江北、江南
56	浙农117	浙江大学茶学系	2010	无性系	小乔木，中叶，早生，树姿半开张，叶色深绿，茸毛中等，芽叶绿，耐寒抗旱性强	红、绿	华南
57	浙农139	浙江大学茶学系	2010	无性系	小乔木，中叶，树姿半开张，叶色深绿，茸毛多，耐寒性抗旱性强	绿	华南、西南
58	茂绿	杭州市茶叶科学研究所	2010	无性系	灌木，早生，中叶，树姿半开张，芽叶深绿茸毛多，耐寒性强	绿	江南
59	春雨1号	浙江武义县农业局	2010	无性系	灌木，中叶，高产，树姿较直立，芽叶绿色，茸毛较多，耐寒性较强	绿	江南
60	春雨2号	浙江武义县农业局	2010	无性系	灌木，中叶，中偏晚生，树姿半开张，芽叶绿色、肥壮、茸毛中等，持嫩性强，耐寒性较弱	绿	华南
61	农抗早	安徽农业大学茶学系	2010	无性系	灌木，早生，中叶，高产，树姿开张，耐寒性强	绿	江北
62	石佛翠	安徽省安庆市农技推广中心	2010	无性系	灌木，中叶，中生，产量较高，叶色深绿，树姿半开张，耐寒性强	绿	江北
63	金牡丹	福建省农业科学院茶叶研究所	2010	无性系	灌木，中叶，产量较高，叶色绿或深绿，芽叶紫绿色，树姿半开张，较肥壮，茸毛少，抗寒性中	青、红、绿	华南、江南
64	紫牡丹	福建省农业科学院茶叶研究所	2010	无性系	灌木，中偏晚生，产量较高，芽叶紫红，茸毛少，节间短，树姿半开张，耐寒性较强	青、红、绿	华南、江南

续表3-1

序号	品种名称	原产地或选育单位	审（认）定时间（年）	繁殖方式	主要特征特性	适制茶类	适宜推广茶区
65	黄玫瑰	福建省农业科学院茶叶研究所	2010	无性系	小乔木，中叶，产量较高，芽叶黄绿，茸毛少，早生，产量较高，耐寒性较强	青、红、绿	华南、江南
66	瑞香	福建省农业科学院茶叶研究所	2010	无性系	灌木，晚生，高产，芽叶黄绿色，茸毛少，树姿半开张，耐寒性较强	青、红、绿	华南
67	丹桂	福建省农业科学院茶叶研究所	2010	无性系	灌木，中叶，芽叶黄绿色，茸毛少，中生，高产，耐寒性较强	青，绿，红	华南
68	春兰	福建省农业科学院茶叶研究所	2010	无性系	灌木，中生，产量较高，中叶，芽叶绿稍紫，绒毛中等，耐寒中等	青，绿，红	华南
69	霞浦春波绿	福建省霞浦县产业管理局	2010	无性系	灌木，中生，产量较高，中叶，芽叶绿稍紫，茸毛中等，树姿半开张，耐寒中等	青，绿，红	华南、江南
70	鄂茶5号	湖北省农业科学院果茶研究所	2010	无性系	灌木，树姿较直立，芽叶黄绿，茸毛多，特早生，中叶，耐寒性较强	绿	江北
71	白毛2号	广东省农业科学院茶叶研究所	2010	无性系	小乔木，中叶，树姿半开张，芽叶较粗壮，茸毛多，早生，产量较高，抗寒性较弱	青、绿、白	西南
72	鸿雁7号	广东省农业科学院茶叶研究所	2010	无性系	小乔木，树姿半开张，中叶，芽叶较粗壮、茸毛中等，中生，产量高，抗寒性较强	青、绿	西南
73	鸿雁12号	广东省农业科学院茶叶研究所	2010	无性系	灌木，树姿开张，中越，晚生，产量高，抗寒中等	青、绿	西南、华南
74	南江1号	四川省农业科学院茶叶研究所	2010	无性系	灌木，树姿半开张，中叶，早生，耐寒中等	绿	华南、江南
75	尧山秀绿	广西桂林茶叶科学研究所	2010	无性系	灌木，中叶，芽叶翠绿色，茸毛多，特早生，耐寒中等	绿	西南、华南
76	桂香18号	广西桂林茶叶科学研究所	2010	无性系	灌木，树姿半开张，中叶，中偏晚生，芽叶浅绿色，茸毛多，耐寒中等	绿	西南、华南
77	玉绿	湖南省农业科学院茶叶研究所	2010	无性系	灌木，树姿半开张，小叶，芽叶黄绿，茸毛中等，早生，耐寒性较强	绿	西南、华南

第二节 茶树品种的选用与搭配

茶树品种是决定茶园产量、鲜叶质量和成品品质最重要的因素。在建园时，首先考虑选择上述所介绍的国家和省级良种，充分发挥良种的作用。选择时要根据实际生产的产类，结合各地生态条件以及各优良品种的适应性和适制性，确定主要栽培品种及搭配品种。合理利用不同良种的特点，扬长避短，充分发挥不同茶树良种在产量、品质、抗逆性以及提高劳动生产率方面的综合效应。

一、茶树品种的选用

目前我国除了国家审（认）定的124个茶树品种，省级审（认）定的茶树品种外，还有许多生产上利用的地方品种和名枞。品种资源相当丰富，不同品种有不同的特征特性，主要看茶树的树形、分枝密度、叶片大小、芽叶色泽和百芽重、制茶品质、产量高低、适制性、抗逆性与适应性、内含成分等。

充分了解园地的生态条件，特别是土壤、光照、温度、水分、植被、天敌以及病虫害现状，选择与之相适应的抗逆性强的茶树品种。

明确企业规划，确定适宜发展茶类的品种，选择适制性好、品质优异互补的茶树品种进行搭配。

在满足生态条件和适制茶类的前提下，茶树品种应尽可能多样化，充分利用不同茶树品种品质多样性提高成茶品质。

实现茶园机械化，特别是茶叶采摘机械化，降低劳动强度，提高劳动效率，已成为解决目前茶园管理中劳动力不足矛盾的重要措施。所以，在品种选择上，选用无性系品种作为茶园的主要栽种品种。

二、茶树品种的合理搭配

中国的茶树品种十分丰富，为适应各地生长和适制各大茶类提供了丰富的种质资源。但是不同的茶树品种，其发芽迟早、生长快慢、内含品质成分等差异很大。为了发挥品种间的协同作用，避免茶季"洪峰"，使劳动力安排与制茶机具使用平衡，一个生产单位所采用的品种，要有目的地科学搭配。

（一）萌芽迟早品种的搭配

搭配不同萌芽期的茶树，可以延长生产季节，有效调节茶叶生产的洪峰，缓解相同品种同时萌发时带来的茶季劳动力及机械设备紧缺的矛盾，维持茶叶生产的相对均衡，保证茶叶质量。同时，不同萌芽期的茶树，其抗逆性差异也相对明显，交叉种植可以有效减少品种单一性造成的病虫害快速蔓延带来的生产损失。

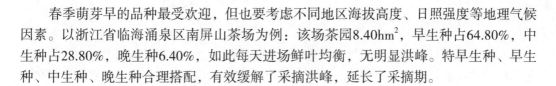

春季萌芽早的品种最受欢迎，但也要考虑不同地区海拔高度、日照强度等地理气候因素。以浙江省临海涌泉区南屏山茶场为例：该场茶园8.40hm²，早生种占64.80%，中生种占28.80%，晚生种6.40%，如此每天进场鲜叶均衡，无明显洪峰。特早生种、早生种、中生种、晚生种合理搭配，有效缓解了采摘洪峰，延长了采摘期。

（二）品质特性的搭配

品种的生化成分直接关系到成茶品质，一般在绿茶产区应选择氨基酸含量相对较高的品种，红茶区应选择茶多酚含量相对较高的品种。在生产中，为利用某些品种的品质成分的协同作用，提高茶叶的品质，要发挥各个品种各自的特点，如香气较好的、滋味甘美的或汤色浓醨的品种，茸毛的多少及叶型等进行组合，使鲜叶原料取长补短，提高产品质量。合理搭配品质特征，有利于精制茶生产加工时产品拼配。

第三节　茶树无性繁殖

茶树无性繁殖亦称营养繁殖，是利用茶树的营养器官或体细胞等繁殖后代的繁殖方式，其后代形状与母本完全一致，可以保持住优良的品种性状。主要繁殖方式有扦插、压条、分株、嫁接等。

茶树分株主要用于茶园补植；嫁接用于低产茶园复壮；压条成活率高、茶苗生长速度快，在无性系繁殖中应用历史最悠久，但是，压条繁殖系数低，且对母树产量影响较大。茶树扦插繁殖在我国已有两百多年历史，是目前最主要的无性繁殖方式。另外，组织培养、细胞培养也是无性繁殖的重要手段。

一、采穗母树的培育

推广无性系良种，首先要建好采穗母本园，以提供优质插穗。

在正常的培育管理条件下，6~10年生的母本园，每公顷可产穗条9000~18000kg，可提供2~3hm²苗圃扦插，可繁殖苗木450万~600万株，可种植70~100hm²茶园。

我国采穗母本园多为生产、养穗结合，春季生产名优茶，随后插穗留养。因此，养穗母本园种植规格及幼龄期的管理，均与采叶茶园相同，均可按照丰产茶园的标准实施。母本园对品种纯度的要求更高，建母本园所用的苗木必须是原种无性系苗。为了保证良种的纯度和获取多而壮的枝条，对生产性的良种茶园进行插穗留养，必须采取必要的去杂措施，以保证品种纯度达到100%。为了加强对母树和插穗的培养工作，具体要做好以下几点：

（一）加强培肥管理

采穗母本园在按采叶丰产茶园培肥的基础上，应增施磷肥、钾肥，促使枝梢分生。一般在养穗前一年的秋季加施磷钾基肥，并于次年春茶前，剪穗并施追氮肥。

（二）合理修剪

修剪，可以刺激潜伏芽萌发，促进新梢旺盛生长。由于生产茶园留养插穗，树冠面枝条较细弱，必须经过一定程度的修剪，以保持抽穗基础上的茎秆粗壮。青壮年母树，夏插的宜在早春（2~3月）留养，对生产茶园按深修剪要求进行深剪；秋冬扦插的宜在春茶采摘后及时修剪。对于树龄大、树势衰弱的茶树，应进行深修剪，保证树冠面能抽出健壮的枝条。

（三）及时防治病虫害

采穗母树，应密切关注长势，特别注意控制小绿叶蝉、螨类、茶尺蠖、茶叶象甲等的危害，保护母树新梢的生长，防止带病虫的枝条通过繁殖再传播到异地。

（四）分期打顶

母树在加强修剪、水培、培肥管理后，新梢顶端优势十分突出。在肥力好的条件下，新梢的生长量达到40cm以上。用作扦插穗条的新梢，必须要有一定的木质化程度。为促进新梢木质化，提高穗条的有效利用率，一般在剪穗前10~15天进行打顶，即将新梢顶端的一芽一叶或对夹叶摘除，以促进新梢增粗、叶腋间芽体膨大。由于新梢萌发的迟早、生长速度快慢有差异，因此，打顶工作要分批进行。分批打顶、分批剪穗，既有利于提高穗条的产量和质量，也便于劳动力的安排。

二、扦插苗圃的建立

扦插苗圃是扦插育苗的场所，其条件好坏不但影响插穗的发根、成活、成苗或苗木的质量，而且直接影响到苗圃园地的管理效率、生产成本和经济效益。所以，必须尽量选择和创造一个良好的环境，以提高单位面积的出苗数量和质量。

（一）扦插苗圃地的选择

1. 土壤

要选酸性土壤，pH值4.0~5.5，土壤结构良好，土层深度在40cm以上，肥力中等。一般连续多年种植茄子、番茄、豇豆、烟草等农作物的熟地，常有根结线虫危害，不宜选用作扦插苗圃。如果条件限制，只能用这类土地的话，可以先进行土壤消毒，每公顷撒施3%呋喃丹颗粒剂75kg。

2. 位置

苗圃地应选择交通方便，水源条件好，靠近母本园或待建茶园，以减少苗木运输路程和时间，便于苗木移栽，提高移栽的成活率。

3. 地势

要求地势平坦，地下水位低，雨季不积水，旱季易灌溉。如需要用水稻田改作苗圃，必须深翻。

（二）苗圃地的整理

苗圃地选择好后，进行苗圃地规划。一般每1公顷苗圃所育的茶苗，可满足约30公顷单行条栽新茶园苗木的需要。

规划好苗圃地之后，要做好以下工作：

1. 翻耕土壤

为了改良土壤的理化性质，提高土壤肥力，消灭掉杂草和病虫害，苗圃要进行一次全面的翻耕，深度在30~40cm。翻耕一般结合施基肥进行，按每公顷22500~30000kg腐熟的厩肥或2250~3000kg腐熟的茶饼量，在翻耕前将基肥均匀撒在土面上，再翻耕，翻耕之后打碎土壤，地面耕平做畦。

2. 整理苗畦

扦插苗畦的规格以长15~20cm、宽100~130cm为宜，过长管理不便，过短则土地利用率不高；过宽则苗床容易积水，不利于苗地管理，过窄则土地利用不经济。苗畦高度随地势和土质而定，一般平地和缓坡地畦高10~15cm，水田或土质黏重地，畦高25~30cm，畦沟底宽30cm左右，面宽40cm，苗地四周开设排水沟。开沟前要对苗圃进行一次15~20cm深耕，剔除杂草、碎土，然后做畦平土，待铺心土。

3. 铺盖心土

作为短穗扦插育苗的苗床，铺上红壤或黄壤土，育苗成活率高。苗床整理好后，在畦面铺上经1cm孔径筛过筛的心土3~5cm作为扦插土。心土要求pH4.0~5.5，心土要铺均匀，稍后压实弄平整。在做畦时，用每公顷45kg的3%呋喃丹进行撒施，可防治地下害虫，或者用55%敌克松1000倍稀释液进行畦面消毒。

4. 搭棚遮阳

为了避免阳光的强烈照射、降低畦面风速，减少水分的蒸发，提高插穗的成活率，扦插育苗必须搭棚遮阳。各地采用的遮阴棚形式多样，按高度可分为高棚（100cm以上）、中棚（70~80cm）和低棚（30~40cm），按结构形式可分为平棚、斜棚、拱形棚等。目前在生产上应用较多的是平式低棚和拱形中棚。

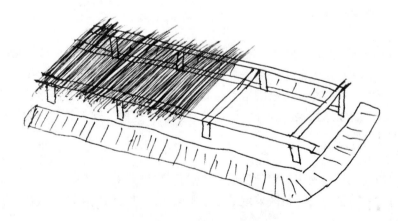

图3-1　平式低棚：用料省

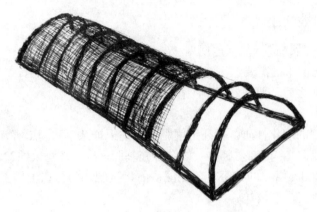

图3-2　拱形中棚（又称隧道式中棚）

三、扦插技术

茶树扦插技术包括了扦插时间的掌握、插穗的选择和剪取、育苗地条件的调控和促使快速发根技术等等。

（一）扦插时间的选择

1. 春插

2~3月间，利用上年秋梢进行的扦插叫春插。春插的优点是，苗木可以当年出圃，园地周转快，管理方便。但是，春插时地温低，扦插发得慢，要70~90天才发根，而且往往先发芽后发根，造成养分消耗多，成活率降低。因此，春插一定要注意保温、加强苗木后期水肥管理。

2. 夏插

6~8月上旬，利用当年春梢进行扦插，称为夏插。主要优点是：发根快、成活率高，但是夏季光照强、气温高，对光照和水分管理要求高，且育苗需要一年半左右，相对成本高，土地利用率低。

3. 秋插

8月中旬至10月上旬，利用当年夏梢或夏秋梢进行扦插，称为秋插。秋季地温大约在15℃以上，秋季叶片光合作用能力强，因此秋插苗发根速度快，成活率与夏插接近。另外，秋插管理比夏插容易，苗圃培育时间比夏插短，成本低。不足之处是晚秋插的苗木略瘦小，后期需要加强水肥管理。秋插要趁早秋，这样等到冬天苗木就发根了，第二年春天能快速生长。

4. 冬插

10月中旬到12月间利用当年秋梢或夏梢进行扦插，称为冬插。一般在气温较高的南方茶区采用。在气温较低的茶区采用冬插，需采用塑料膜和遮阳网双重覆盖，效果好，但成本增加。

总之，从扦插苗木质量来看，以夏插为优；从综合经济效益来看，选择早秋扦插最为理想，既可保证茶苗质量，又降低成本，增加茶园收入。

（二）剪穗与扦插

为了提高扦插成活率和苗木质量，必须严格把握剪穗质量和扦插技术。

1. 穗条的标准与剪取方法

母树经打顶后10~15天，可以剪穗。穗条要求是：枝梢长度为25cm以上，茎粗3~5mm，2/3的新梢木质化，呈红色或黄绿色。穗条剪取时间以上午10点前或下午3时后为宜。剪下的穗条要放在阴凉、湿润处。尽量做到当天剪当天插。如需要长距离运输，穗条要充分喷水，堆叠时不要挤压过紧。在剪取穗条时，注意在母树上留一片叶，以利于回复树势。

2. 插穗的标准与剪取方法

穗条剪取后及时剪穗和扦插。插穗的标准是：长度约3cm，带有一片成熟叶和一个饱满的腋芽。通常一个节间剪取一个插穗。但节间过短的话，可用两个节间剪成一个插穗，并剪去下端的叶片和腋芽。要求剪口平滑，稍微有一定的倾斜度，保持与母叶成平行的斜面。

图3-3 插穗的剪法

3. 插穗的处理

插穗剪取后，一般不需要处理即可进行扦插。但是为了促进插穗发根，特别是提高一些难以发根的品种的发根率、成活率和出苗率，生产上采用植物生长类药剂处理，来促进根基的形成，提高生根能力。

4. 扦插密度

生产上用的扦插规格，行距7~10cm，株距依茶树品种和叶片宽度而定，以叶片稍有遮叠为宜，中小叶种的穗间距1~2cm，每公顷可插225万~300万株。春插、秋插的生

长周期较短，可适当密集些；夏插生长周期长，生长量大，为防止部分小苗生长受到压制，扦插密度应稀疏一些。

5. 扦插方法

扦插前将苗畦充分洒水，经2~3小时水分下渗后，土壤呈现湿而不黏的状态时，进行扦插为宜。扦插时，沿畦面划出行，留下准备扦插行距印痕，按株距要求把插穗直插或斜插入土中，深度以插入插穗的2/3长度至叶柄与畦面平齐为宜。边插边将插穗附近的土稍压实，使插穗与土壤密接，以利于发根。插完一定面积后，立即浇水，随即盖上遮阳物。如果在高温烈日下，要边插边浇水边遮阳，以防热害。

（三）影响插穗发根的主要因素

了解影响发根的主要因素，有助于按要求选择穗条，规范扦插技术要求和营造良好的生态环境，提高插穗的成活率和出苗率。影响扦插发根的主要因素有插穗本身条件和外界环境条件。

1. 插穗本身因素

主要是品种差异、插穗老嫩程度、插穗的粗细长短、插穗留叶量和插穗上腋芽生育状态。

茶树品种差异。插穗发根力是品种遗传性的一种表现。品种不同，发根力也不同。根据各地经验，乌龙、梅占、毛蟹、福鼎大白茶、佛手、槠叶齐等发根快，成活率高。奇兰、上梅州次之，而铁观音、云南大叶种、宁州种等发根力弱。研究认为，母叶内的淀粉含量、非蛋白氮含量高、蛋白氮含量低的品种，具有较强的发根能力。

（1）插穗的老嫩程度

资料表明，半木质化的绿色硬化枝、黄绿色半硬化枝的插穗发根率较高。一般而言，1年生枝条的各个部位均可作为插穗，只要加强管理，都能获得良好的扦插效果。

（2）枝条的粗细与长短

在枝条老嫩度一致条件下，插穗粗的比细的含营养物质多，能提供较丰富的插穗初期生长所需营养，发根良好。

（3）扦插留叶量

多叶插优于1叶插，但是多叶插插穗叶片蒸腾作用强烈，蒸发量大，增加了管理难度，也降低了繁殖系数。所以1叶插是大规模育苗最方便和有效的。在穗源充足的条件下，可以选择2叶插。

（4）腋芽的动态

插穗上有健康的腋芽才能长成健壮的茶苗。所以在取穗前10~15天对母树枝梢打顶，可以促进新梢木质化，同时促进腋芽萌发，有利于扦插成活。

2. 影响插穗发根的外界环境因素

（1）温度。温度影响插穗的呼吸作用、光合作用、蒸腾作用、酶活性和分生组织细胞分裂能力。发根最适宜的温度是20~30℃。温度偏高，地上部分发育良好，地下部分发育不良。一般春插，气温高于地温，所以芽先于根生长。

（2）湿度。插穗水分的来源，一是经过茎的输导组织从苗床吸水，土壤湿度若是

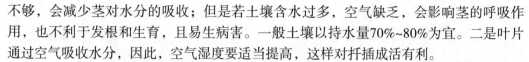

不够，会减少茎对水分的吸收；但是若土壤含水过多，空气缺乏，会影响茎的呼吸作用，也不利于发根和生育，且易生病害。一般土壤以持水量70%~80%为宜。二是叶片通过空气吸收水分，因此，空气湿度要适当提高，这样对扦插成活有利。

（3）光照。插穗的芽叶在光作用下形成生长素和营养物质。如果完全缺光，光合作用无法顺利进行，插穗将不能生根，不久就会死亡。但光照过强，叶片会因水分过分蒸发而枯萎。尤其是扦插初期，光照不可过强，应适度遮阳，遮光度以60%~70%为宜。

（4）土壤。主要影响因素是土壤水分、空气、地温、酸碱度、营养元素及微生物等。为了减少扦插苗病害和土壤杂草生长，提高土壤中氧气的含量，防止插穗茎部霉烂，促进插穗成活，一般在苗床上加一层专供插穗发根用的扦插土。扦插土要求：pH4.0~5.5，腐殖质含量少的红黄壤心土。

（四）促进插穗发根技术

大多数茶树品种扦插发根容易，但是也有一些发根较难、成活率低的，即使是容易发根的品种，也还是需要50~60天才能发根。发根前，每天需要浇两次水，管理费工夫。而促进发根技术的研究为解决上述问题提供了帮助。

1. 插穗激素处理

激素促进发根技术分处理母树和处理插穗两种。处理母树的留养新梢时，于剪枝前7天左右，喷生长素类溶液，喷时应充分湿润枝叶。如80μg/L α-萘乙酸、50μg/L 2,4-D或30μg/L增产灵，每平方米树冠喷施溶液500mL。采用此法，比扦插时浸、蘸插穗等方法便捷，且更有效。

用浸蘸的方法处理插穗，可在扦插前数小时进行，一般地，将插穗茎部1～2cm浸没在激素溶液里，浸的浓度与时间有关。

2. 母树黄化处理

一般认为，黄化处理后可以促进发根，这与枝条内吲哚乙酸含量增加以及碳氮比例改变相关。黄化处理的具体方法是：在母树新梢长至1芽3叶时，在母树茶行上搭隧道式拱架，拱架比茶丛高30cm，上用黑色塑料薄膜覆盖，或用稻草覆盖，除茶丛下部20cm空着利于通气，其余全部遮盖，经2~3周遮光后，撤去覆盖物，让其在正常情况下生长15天左右，即可剪取穗条进行扦插。黄化处理成本较高，一般对于一些扦插发根困难的品种才应用这个技术。

表3-2　扦插处理常用的激素及使用浓度

激素名称	母树处理浓度（μg/L）	插穗处理浓度（μg/L）	插穗处理时间（h）
α-萘乙酸	80	100~300	3~24
吲哚乙酸	40	50	0.5
2，4-D	50	40~60	12
增产灵	30	30	速浸（5s）

续表3-2

激素名称	母树处理浓度（μg/L）	插穗处理浓度（μg/L）	插穗处理时间（h）
矮壮素	80	80	3
ABT生根粉	/	100	2~4
ABT生根粉	/	300~500	速浸（5s）
5，6-二氯吲哚乙酸		25	2
赤霉素	/	500	速浸（5s）
三十烷醇	/	8~12	8~12

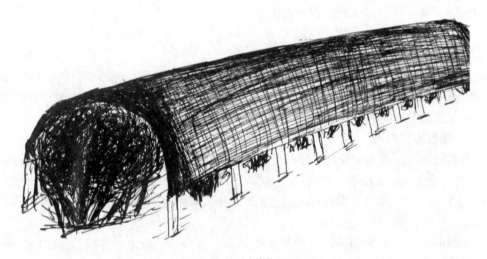

图3-4 母树黄化处理

四、扦插育苗管理措施

从扦插至苗木出圃的整个过程，是由一系列配合密切的环节组成，必须把握好每一个环节，避免不必要的损失。如扦插前，扦插苗经常因遭受日晒、病害和湿害而死亡；越冬时期易遭受逆害。翌年春、夏，因受热和干旱而受损；施肥不当也会产生肥害等。因此，扦插后必须加强管理，这是提高成苗率、出苗率和培养壮苗的关键。

（一）水分管理

扦插育苗对水分的管理应特别重视。目前我国普遍采取短穗扦插技术，由于插穗短小、入土浅，插穗刚入土时，上端伤口及母叶蒸发量大，下端又未发根，吸水能力弱，故在发根前，要特别注意保持土壤和空气湿润。一般保持土壤持水量70%~80%为宜，在发根前可以高一些。在扦插发根前，晴天里保持早晚各浇一次水，阴天浇一次，雨天不浇，注意及时排水。发根后每天浇水一次，天气过于干旱时，每月沟灌2~3次，及时

排干水。保持土壤湿润，土色不泛白为度。

（二）光照管理

阳光是插穗发根和幼苗生长的必需条件。但光照如果过强，叶片失水，会造成插穗枯萎甚至死亡。光照不足，叶片光合作用较弱，影响发根和茶苗生长。所以，在遮阳时必须控制好度。在实际生产中，应结合品种特征和不同生育阶段灵活掌握。大叶种叶片大，耐光和耐热性都比中小叶种差，遮阳度应高些，随着根系的形成与生长，遮阳度可以逐渐下降。根据各地经验，夏秋扦插的苗木，遮阳至翌年4月份，秋冬扦插的苗木，翌年6月前全部解除遮阳物为好。

（三）培肥管理

应根据扦插期、苗圃土壤肥力、品种以及幼苗生长状况，做好培肥管理工作。如生长势较强的品质和土壤肥沃的苗圃，应减少追肥；反之，则多施肥。就不同扦插期而言，春插、晚秋及冬插的苗木，为保证翌年出圃，必须增施肥料，以弥补生长时间的不足，一般在发根后开始追肥；秋插的幼苗在翌年4月开始追肥，可结合洒水防旱进行，以后每隔20天施一次。夏插和早秋插的苗木从插穗到出圃，生长周期达15个月以上，过多施肥，一方面在冬季易发生寒害，而且造成次年夏茶徒长，大苗往往压抑小苗生长，从而降低出苗率。一般扦插当年不施肥，待第二年春芽萌发后，再开始追肥。总之，根据苗木生育状况，看苗施肥。

扦插幼苗柔弱，不耐浓肥。在施追肥时，注意先淡后浓，少量多次。初期的追肥最好施用加10倍水稀释的有机肥。倘若用化肥，尿素0.20%、硫酸铵0.50%的水溶液浇灌。当茶苗长至10cm时，浓度可提高一倍。每次追肥后，都要浇清水洗苗，以防烧苗。

（四）中耕除草与病虫害防治

扦插苗床，因水、温适宜，杂草容易发生，苗圃杂草要及时用手拔除，做到"早拔、拔小、拔了"，这样才不至于因杂草根太长而在拔草时损伤茶苗幼根。扦插苗圃环境阴湿、容易发生病害，随着茶苗长大，虫害渐增加，根据各地虫害发生情况及时防治。

（五）防寒保苗

当年冬天前未出圃的茶苗，在较冷茶区及高山苗圃要注意防冻保苗。冬前摘心，抑制新梢继续生长，促进成熟，增强茶苗本身抗寒能力。其他防寒措施，可因地制宜，以盖草、覆盖塑料薄膜等方法保温，或霜前灌水、熏烟、行间铺草等以增加地温与气温。目前生产上采用塑料薄膜加遮阳网双层覆盖，可以控制微区域生态条件，有效提高苗床气温和地温，既可以促进发根，又可以防寒保苗，是秋冬扦插中值得推广的有力措施。

苗圃内还要及时摘除花蕾，插穗上的花蕾会大量消耗体内养分，也会抑制腋芽的萌发。如有花蕾，应立即摘除，集中养分，促进茶苗营养生长。

第四节 茶树有性繁殖

茶树有性繁殖是指通过茶树雌雄配子结合产生种子，利用茶籽播种育苗来繁殖后代的繁殖方式，亦称为种子繁殖，其繁殖的品种称为有性系品种。茶树是异花授粉作物，其所产生的种子具有不同的二个亲本（父本和母本）的遗传特性。因此，有性繁殖表现出以下的特征特性。

（1）遗传基因较为复杂，后代适应环境条件的能力强，有利于引种、驯化和提供丰富的选种材料。

（2）由于是种子繁殖，茶苗的主根由胚根发育形成，因此，茶苗的主根发达，入土深，抗旱、寒能力强。

（3）繁殖技术简单，苗期管理方便、省工，种苗成本低，比较经济易行。

（4）茶籽便于贮藏和运输，有利良种推广。

（5）由于种子兼具两个亲本的遗传特性，种子的后代往往纯度差，常出现植株间经济性状杂，生长差异大，生育期不一，不便于管理的缺点。

（6）鲜叶原料粗细不匀，嫩度不一，不利于加工技术的掌握和名优茶的生产开发研发。

（7）对于结实率低或根本不结实的优良茶树品种，难以用种子繁殖。

茶树种子繁殖既可直播又可育苗移栽。历史上最早是采用直播，其能省略育苗与移栽工序所耗劳力和费用，且幼苗生命力较强。育苗移栽可集约化管理，便于培育，并可选择壮苗，使茶园定植苗木较均匀。云南大部分茶区因干湿季分明，并且冬、春连续少雨干旱，直播难以全苗，因此，多采用育苗移栽。

一、采种园的建立与管理

要获得质优、量大的茶籽，促进茶树开花旺盛、坐果率高且种子饱满，就必须抓好兼用留种园的选择和茶园的管理。

良种园的选择上要做到：

（1）选择优良品种。

（2）选择茶树生长旺盛，分枝较均匀，没有严重的病虫害。

（3）选择坡度小，土层深厚肥沃，向阳或能挡寒风、旱风吹袭的茶园。

管理上要做到：

（1）采养结合。茶树没有单独的结果枝，花芽和叶芽都长在同一个枝条上。茶树的花芽6~7月开始出现在当年生的新梢枝条上，因此，春茶留叶采，夏茶不采，才能增加茶树花芽分化的场所。

（2）加强肥培管理。合理施肥是充分采叶和采种所需的营养物质基础。采种茶园的施肥一般认为N：P：K=1：1：1较为适宜，基肥于9～10月间将有机肥和1/2磷、钾肥拌和后施入，另一半磷、钾肥在春茶后（5月下旬）施入。

（3）适当修剪促进骨干枝的形成。

（4）抗旱和防冻。

（5）防治病虫害。

（6）促进授粉。茶树是虫媒异花授粉，虫媒少，授粉不足，常是茶树结实率不高的原因之一。因此，必要时要辅以人工授粉来促进授粉，提高结实率。

二、茶籽采收与茶籽贮运

采收要适时，贮运要妥善。茶籽质量的好坏，其生活力的高低与茶籽采收时期及采收后的管理、贮运关系密切。适时采收，其物质积累多、籽粒饱满而发芽率高，苗生长健壮；茶籽采后若不立即播种，则要妥善贮存（在5℃左右，相对湿度60%～65%，茶籽含水率30%～40%条件下贮存），否则由于蛋白质的变性和脂肪的分解而失去生活力。茶籽若运往他地，要做好包装，注意运输条件，以防茶籽劣变。

三、茶籽播种与育苗

（一）播种前处理

将经贮藏一个月左右熟化后的茶籽在播种前用清水选种、浸种，催芽等。采用化学、物理、生物的方法，给种子以有利的刺激，促使其萌芽迅速、生长健壮、减少病虫害、增强抗逆能力性等。

（二）细致播种

由于茶籽脂肪含量高且上胚轴顶土力弱，故茶籽播种深度和播籽粒数对出苗率影响较大。因此，要做到适当浅播和密播，播种盖土深度为3～5cm，秋冬播比春播稍深，而沙土比黏土深。穴播为宜，穴的行距15～20cm，穴距10cm左右，每穴播茶籽2～3粒，每亩4000~5000籽粒。播种时间在我国大多数茶区为11月至翌年3月。秋、冬播（11~12月中旬）比春播（2~3月）提前10~20天出土。播种后要达到壮苗、齐苗和全苗，须做好苗期的除草、施肥、遮阴、防旱、防寒害和防治病虫害等管理。

思考题

1. 简述云南普洱茶适制良种特点？
2. 可以从哪几个方面考虑茶树品种的选择？
3. 茶树良种的时效性和局限性指的是什么？
4. 简述茶树无性繁殖插穗扦插时机的选择要点。

参考文献

［1］骆耀平. 茶树栽培学［M］. 第四版. 北京：中国农业出版社，2008.

［2］葛晋纲，刘海洋. 茶树栽培及茶园管理技术的研究动态与发展趋势［J］. 安徽农业科学，2010，25：13659–13662.

［3］张云萍. 浅析茶树栽培与茶园管理技术的发展［J］. 农业与技术，2016，08：158.

［4］宗庆波. 茶树良种无性系引繁利用技术研究［D］. 华中农业大学，2004.

第四章 茶园建设

第一节 新茶园建设

一、无公害茶园

茶叶无公害是指无公害生产条件下，按特定的生产操作规程进行生产，农药残留、重金属和有害微生物等指标均符合茶叶无公害质量标准要求的成品茶。

无公害茶园是选择海拔较高、植被丰富的山区，在空气清新、水质纯净、土壤未受污染、农业生态环境质量良好、能满足茶树生长发育需要的地区，避开繁华都市、工业区和交通要道，茶园与四周荒山陡坡、林地和农田交界处应设置隔离沟，通过合理选择园地、开垦梯层、设置茶园防护林带、种植茶园行道树和遮阴树、在空地及改造后的茶园种植绿肥、茶园铺草、修建茶园水利系统等技术建设符合无公害食品生产条件的茶园。

新茶园建设与老茶园改造是无公害茶园建设的两个重要方面。发展新茶园应以快速成园，优质、高产、高效、无污染为目标。在新茶园建设中必须全面规划好园地建设、选用良种、合理密植、适时种植和苗期管理。老茶园改造应采取针对性措施，如台刈、换种改植和嫁接，使之在较短时间内改变园相，形成优质高产型的无公害茶园。

二、园地开垦

为加强水土保持，凡是坡度在15°以内的缓坡地，按一定行距实行等高开垦种植；坡度在15°以上的陡坡地，必须沿等高线修筑水平梯田，建立梯级茶园。

（一）茶地清理

茶地开垦前，在园地范围内，要清理地面，砍除树木（可作为防护林、覆阴树的除外），剔除杂草，挖除草根。并清除地面石头，挖出较大树桩、树根，挖平土堆。清理地面时，把茅草全部挖出，地下茎全部拣除；挖出蕨根，并全部拣除，然后挖高填低，初步进行土地平整。主道、支道规划后要打桩作标志，尽量保留路边和排、蓄水沟边的原有林木。

（二）坡地茶园的开垦

15°～30°的山坡，应开垦成水平梯级茶园，以保持水土，便于管理。

1. 水平梯级茶园的规格和要求

单行条植的梯面宽度应保持在1.20～1.50m，双行或三行条植的梯面宽度应保持在1.50～2.00m，若梯地设计得不合理，梯面太窄，造成后期茶园耕作、施肥、采摘等农事活动受限制；梯面太宽，土地利用率低，单位面积上的茶叶产量势必相应降低。在同梯等高的情况下，随坡度的增加而使梯面变窄。因此定基线、测等高线，应从坡度最陡处开始，只要最陡处梯面能基本符合要求，其他则有保证。局部地段，会因坡度变化而出现等高不等宽的现象，开垦时可在宽处插入短行（俗称叉行），使茶园整齐美观，提高土地利用率。在坡度最陡处，梯面不要小于1.20m（单行单株条植）或1.50m（双行单株条植）。

开垦前必须做好地形观察，坡度测量后进行规划，规划时尽量使梯面整齐一致，但在不同坡度的坡地开同等宽梯面，各梯级所需的斜距是不同的，如：要开出1.67m宽的梯面，在30°坡地，斜距为3.41m，20°坡地，斜距为2.65m，若以20°山坡的适宜坡距定30°山坡的坡距，开出的梯地，则梯面宽仅有1.52m，不合规格，造成返工及劳力浪费。

2. 水平梯级茶园的施工步骤

测量定线：在修筑梯台的山坡范围内，测出不同地段的坡度，定好基线和梯级等高线，根据云南省农业科学院茶叶科学研究所指导生产实践经验总结，不同坡度开梯，所需坡距（斜线），总结成表4-1，供参考。

表4-1　不同坡度山地开梯所需坡距及土地利用率

坡度（°）	梯面宽1.67m，实际需要坡长（m）	土地利用率（%）
16	2.33	71.67
17	2.37	70.46
18	2.42	69.00
19	2.47	67.61
20	2.52	66.27
21	2.57	64.98
22	2.63	63.50
23	2.69	62.08
24	2.76	60.50
25	2.82	59.22
26	2.90	57.59
27	2.97	56.23
28	3.06	54.58
29	3.14	53.18
30	3.24	51.54

从表4-1看，坡度愈大，土地利用率愈低，故一般开梯建园选择30°以下坡地。

用自制的简易测坡器测出坡度，测量时先将标杆上的浮标调整到简易测坡器等高的位置，一人持标杆在上坡，一人持测坡器向上瞄视，慢慢转动测坡板，当两照准丝与标杆标记点重合时，重垂线所指的读数，即为所测坡度的度数。

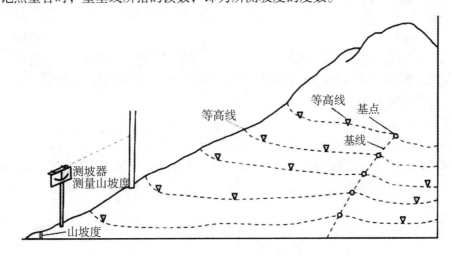

图4-1 测量坡度方法

一个山在不同方位若坡度变化较大，则应通过茶园道路（上山路）的开设，把坡地分成若干地段，从山坡上向下拉一直线，这一直线在坡面上与水平方向相垂直，即为基线。定基线时，可在坡面上选择一个有代表性的地段定基线，均匀一致的坡面，基线可放在中部；坡度变化多的，基线可放在较陡的地方。定基线要根据坡度的大小，查出所需的坡面斜距，在基线上打桩定点。也可以根据经验，10°以内缓坡按行距1.5m定基线点，10~13°基线点距离增加2~4cm，14°~15°增加4~5cm，以保证茶行近似1.5m的水平距离。

测量等高线，可用装满水的较细塑料管作为测量仪器，塑料管长10~15m，一端做好标记，注意管内不能有气泡，否则会影响结果。测量时两人操作，以基线上定的各点为起点，一人拿塑料管一端立于起点，另一人持另一端横向前进5~10m，看塑料管内的水位是否一致，如有偏差，则上下移动无标记的一端位置，当水位与标记点重合时，两端等高，打桩定点。如法逐个测出点，连接各点即成等高线。为使茶行布置得较为整齐，连接等高线时看山势，大弯随势，小弯取直，对个别标桩位置应加以调整。

坡度变化不大的地段，也可以目测，或在水平方向较长的距离（10m以上）定两个等高点，再目测拉绳连接。

三、茶树种植与初期管理

茶树种植技术和初期管理工作对植后茶树的成活、生长有很大影响。不合适的种植方法，茶树成活率低，掌握好这一过程的技术环节能使茶树快速成长、成园。

（一）茶籽直播

若茶籽数量充足，较新鲜，质量较好，又有灌溉条件或阴坡潮土地方，新建茶园也可采取直播。

1. 播种季节

从霜降节令前后茶籽采收到第二年一、二月份都可播种，但以随采随播为好，最好在十二月以前播完，否则播种时间过迟，茶籽又未经贮藏，出苗率就会大大降低。

2. 播种方法

直播的土肥准备：

基肥：按计划用量全面施于播种沟中，拌匀整平。

播种沟整理：播种沟的土壤要保水性好，空气充足，以减少茶籽霉变，提高出苗率。为使出苗后小苗不被灌溉的泥水淤渍污染，播种沟土面应高于行间土面3~4cm。

3. 种子选择

应选择成熟而饱满的茶籽。优质茶籽呈黑褐色，油润而有光泽，弹跳性强；未成熟茶籽种壳呈黄褐色，无光泽，弹跳性差。

4. 播种方法

在已准备好的种植沟内，按规划的小行距与株距用小锄挖平底穴5cm深，每穴播种3~5粒，茶籽间距离5~10cm，播后盖土，厚度5~6cm，然后在上面盖3~5cm厚的草或松毛，保持土壤水分和防止表土板结。

5. 播种后的管理

有灌溉条件的一周灌水一次，以喷灌较好，沟灌要注意流速，不可放大水冲。

到春季茶苗出土后，便可逐步揭去盖草，插上荫枝，保护茶苗。要加强管理，杂草在幼小阶段即人工拔除。

雨季到来时，边间苗边补缺，每穴间出弱苗，留壮苗2~3株，对缺塘进行补种或就地移小苗补缺。

（二）茶苗移栽

1. 移栽季节

茶苗移栽季节最好在芒种至小暑进行（六月初至七月中旬），因为这时雨季已到，降雨逐渐增多，土壤湿润，茶苗栽下后容易成活，而且栽下茶苗当年生长期较长，到旱季时，茶苗地上部分的生长已达到一定高度，根系入土生长已较深，对冬春干旱有较强的抵抗能力。生产实践证明，移栽时间过早过迟，都不利于茶苗的成活与生长，如过早移栽，雨水少，栽后不易成活，过迟移栽，因当年生长期短，茶苗还未很好成长，就进入冬春干旱季节，易受冻害和旱害而死亡，造成茶园缺株断行。

2. 茶苗出圃移栽标准

引进苗木、种子应严格GB111767—1989《茶树种子和苗木》中规定的1~2级标准检疫。无性系大叶品种苗木出圃移栽的具体要求如下：株高25cm以上，茎粗大于2.50mm，着叶数5~8片，有1~2个分枝和2~3条侧根，侧根长大于10cm，无病虫害的健壮苗木。

3. 移栽方法

定植前准备：定植前应继续清理茶地行间或梯面的树根、树桩、杂草。未施基肥的应施入，挖翻种植沟，使肥料与土壤充分混合，再回土到满沟，然后拉绳索于植茶沟中定茶行位置。绳子两端用木桩固定。缓坡等高种植或梯地茶园，因地形关系，种植沟有的呈弧形弯曲，茶行弯度应与沟的弯度一致，按计划定植的株距在沟中插上竹桩或细木桩定栽苗位置，使定植时排列得整齐。

起苗：在挖取茶苗的前一、二天，要把苗圃土壤浇透，起苗要求全根带土，保护子叶，先挖齐边缘之上20～30cm深，再将茶苗根系以下的土挖空，使茶苗所占据之圃土悬空，用移植铲将茶苗带土挑出，分离，轻放入盛苗篓，如土质疏松，根系带土较少，要用红泥浆保护茶根。若在晴天起苗，茎叶上略浇清凉水，存放于阴凉处待运。起苗要有计划，最好做到当天起苗当天栽完，当天栽不完的苗，要在荫蔽、土壤潮湿的地方假植起来。

茶苗运输与保存：上卸车时，轻搬轻放，不得重叠挤压，慢速行车，以减少对茶苗的机械损伤。运至定植场地后，卸于阴凉处，晴天应浇清凉水，若在空旷无遮阴处或遇大雨，应用新鲜树叶遮盖。

栽苗方法：在定植沟中沿所定的桩栽苗，以保证茶行呈一直线或随地形成规则的曲线。

移栽无性系良种扦插苗应保持根系垂直向下，这样茶苗根系入土较深，抗旱能力增强，成活率可达到90%以上。具体方法：在茶行中拉线打塘，种植塘深20～30cm，塘壁一侧要求垂直。移栽的茶苗，要求尽量多带土。移栽时把茶苗放入种植塘中，一手扶苗，把茶苗紧靠塘壁垂直的一侧，让根系垂直向下自然舒展，从另一侧向垂直的一侧压土，用细土边培边压实，使根与土紧密结合，切忌根系折断或翘根。复土深度略高于茶苗根颈。

茶苗定植时，如遇晴天，栽下后要浇足定根水，插上遮阴树枝，定植后如遇连续晴天烈日，要继续浇水（或灌溉）保苗，梯面内侧的小蓄水沟应挖好，降雨量大时，水不致淹没茶苗。

（三）幼龄茶树管理

茶苗移栽时间为7～8月份，此时雨量集中，但特殊情况会出现旱情，采取铺草覆盖或树枝遮阴以及浇水等措施。勤耕浅锄既可减少水分蒸发，又起到清除杂草的目的。

新植茶园的补苗有两种，一种是用同年苗假植补苗，另一种是次年用当年苗进行补苗。幼年期茶树进行3～4次定型，第一次于苗高40cm左右，留15cm剪除主枝；第二次于苗高50～55cm，留30～35cm，剪次生主梢；第三次于苗高70cm以上，留50～55cm，剪去

图4-2 茶园铺草覆盖

以上部分，然后打顶采摘。茶季结束后在三次定型修剪基础上提高10～15cm进行一次轻修剪。幼年期茶园进行三次追肥，时间在3～9月份、10～11月份和结合茶园冬耕时施用基肥。病虫害防治采用农业防治、生物防治和物理防治相结合的综合防治措施。在药物使用上，保证不使用国家明令禁止的一切化学农药。

（四）茶树合理密植

合理密植，系指在单位面积内合理地安排茶树的株数和群体在地面上，最短时间内达到高产，茶树经济年限内持续高产稳产的组合方式。

在同一条件下，茶叶产量随着种植密度的增加而增加，但种植密度超过一定限度，增产效应就不明显，甚至有下降的趋势，同时对持续高产稳产带来不利影响，造成树势过早衰退。

进入二十一世纪以来发展的新茶园大多是无性系良种茶园，由于较高的苗木成本，普遍采用单行单株或双行单株种植，种植株数在1300～3000株，相对于坡地开梯茶园来说，种植密度更加趋于合理。

云南的茶园大多建立在山区和半山区，坡度在0～30°之间。为了合理地利用土地，云南大叶茶的种植密度应与山地坡度相关联，根据开垦出的茶行梯面宽度决定种植密度。山地坡度在20°以下的，梯面宽度在1.50m以上的，采取双行单株条栽，小行距40～50cm，株距35～40cm，每亩2400～2700株；坡度在20°以上的，茶行梯面宽在1.50m以下，采取单行单株条栽，株距25～30cm，每亩1500～1800株。梯面和种植沟较宽的，应尽量增大小行距，这样茶树才能有效利用土地，解决好个体与群体之间的矛盾，并且茶树能较快形成宽大树幅。

第二节　茶树复壮与换种

一、形成低产茶园的原因

低产茶园是指产量低、品质差、经济效益低的茶园。造成低产茶园的原因可归为自然低产型和胁迫低产型二大类。自然低产型是因树龄大、生机减弱、树势衰退而导致生产力低下。胁迫低产型是缘于环境和技术因素不良，削弱茶树生机而树势衰退，以致产量明显下降或长期处于低产局面。

（一）树势衰老

茶树在一生中不仅要经历年发育周期的变化，而且还要经历幼龄、青年、壮年、衰老等总发育周期的生物学年龄变化，随着年龄的增大，茶树进入衰老期以后，地上部生长便逐渐衰弱，顶端生长优势明显下降，生理机能减退，枯、病、虫枝及鸡爪枝增多，枝疏叶少，发芽稀疏，绿色同化面积缩小，光合能力降低，光能利用差，干物质积累

少，地下部分根系生长衰退，吸收水肥能力降低，因而茶叶产量下降，单产低。

（二）品种混杂

在同一块茶园里，由于茶树品种混杂，不同个体茶树的性状特征差异很大，如叶片大小，叶质软硬，叶色、发芽早迟，抗病虫能力不一等。不良类型的茶树，不仅产量低，而且品质差，在一个群体中不良个体占的比例越大，对产量、品质的不良影响也越大。因此在改造低产茶园时，必须逐步用无性系良种或提纯后的有性良种替代不良群体品种。

（三）群体结构不合理

茶园是由许多茶树个体组合而构成的群体，群体中每一个体都占有一定空间和土地营养面积。在一定的土地面积中，如果种植的株数太少，只考虑到充分满足茶树个体的需要，最大限度地发展个体的生产力，就不能有效利用养分和光能，茶园群体的生产力不可能提高。云南省20世纪80年代以前发展的茶园种植密度大部分都很低，加上建园时选地不严格，种植质量差，管理粗放，1974和1975年连续两年的霜冻等原因，造成缺株断行严重，覆盖度低，以至于茶叶产量低下。如凤庆县中华人民共和国成立前种植的老茶园3万余亩，每亩600～800株的仅占19.64%，500～600株的占43.81%，400～500株的21.93%，400株以下的占14.62%。20世纪五十至六十年代发展的5.50万亩新式茶园，每亩1200株以上的仅占3.60%，800～1200株占21.05%，400～800株的占60.40%，400株以下占15.12%。由此可见，群体结构不合理，单位面积上茶树株数少和覆盖度低，是造成云南茶园低产的一个重要原因。

（四）土壤瘠薄，茶树营养不良

云南低产茶园普遍存在水土流失严重，茶树裸露，土壤板结，有机质含量低，容重大，孔隙度小，质地差，养分贫瘠，土壤瘠薄的特点。造成的原因首先是在建园时选地不当，建园位置不合理，没有对土壤进行充分的调查，在不太适合茶树生长区域建园，造成土层浅薄，茶树根系难以伸展，茶树生长较弱。其次是对茶树种植前的深耕改土没有足够的认识，有的只挖10～20cm深的种植穴或用牛犁种植沟后便栽种茶树，有的虽按规格开挖了种植沟，但在茶树种植后就很少耕作，茶树行间土壤坚硬，孔隙度小，茶树根系生长受到阻碍。三是建园时虽然开了梯台，由于对梯台重要性没有足够的认识，耕作管理不当，梯台逐渐变成斜坡，水土流失严重，茶树裸露，土壤养分贫瘠。四是长期不施肥或很少施肥，只采不管，茶树缺乏必要的养分供应，茶树长势衰弱。

二、低产茶园改造技术

低产茶园的改造，一定要针对低产茶园的成因，因地、因树、因园制宜，采取有效措施，才能取得较好的效果。对于云南省低产茶园改造，根据各地经验，主要采取以下措施。

（一）树体改造

树体改造包括树冠和根系改造。茶树是一种再生能力较强的植物，从根颈部位长出的新枝，发育阶段最年幼，具旺盛的生命力。利用枝条的异质性，通过不同程度的修剪或台刈，去除顶端生长优势，同时也去除了阶段发育较老的部分，就能促使从根颈部位阶段发育较幼部分萌发出生活力较强的新梢，重新培养骨干枝，塑造新的树冠。树冠改造须结合根系改造同时进行，否则会造成养分脱节而影响树冠的改造效果，经深耕，增施有机肥，激发新根生长和增进吸收能力，促进根系复壮更新。

1. 树冠改造

茶树虽然衰老的程度不同，但树冠改造的目的是相同的，就是要它重新长出健壮的新枝，同时结合加强茶园肥培管理，实行剪、采、养结合，使新梢能够迅速生长，形成宽大的茶蓬，使树冠覆盖度达到80%以上，并不断提高新梢的发芽密度和重量，便可使改造后的茶园获得较高的茶叶产量。

重修剪：主要用来恢复茶树分枝的生长势，适宜于树龄大、树势衰老、育芽能力降低、芽叶短小、对夹叶多、产量低的半衰老茶园，以及茶树年龄虽不大，但由于茶园管理粗放，过早过重强采等原因，而使茶树枝条生长衰退，发芽稀少，产量低的未老先衰茶园。衰老茶园和未老先衰的茶树经过重修剪后，剪口以下枝条除保留有一部分茶芽外，还萌发大量的不定芽，由于顶端生长优势的影响，剪后茶树体内养分比较集中供应这部分茶芽的生长，因此生活能力显著加强，便能长出健壮的新梢，更新衰老树冠，复壮树势。

根据云南的气候特点，重修剪在春茶结束后的5月中下旬进行较为适宜，修剪后进入雨季，新生枝条生长快，容易形成新的树冠。修剪的深度是影响茶树在短期内能否迅速恢复树势的关键，如果修剪过浅，则达不到改造的目的，反之修剪过深，茶树在短期内又不能恢复树势，影响茶叶产量。在一般情况下，剪去茶树的1/3～1/2，离地高度30～40cm为宜，原则是枝条衰老到什么程度就剪到什么程度。茶树衰老程度重的，修剪程度可以重些；茶树衰老程度轻的，修剪应当轻些；茶树树龄老的，修剪程度重；茶树树龄小的，修剪程度轻。在同一块茶园中，如果茶树生长高度不一样，为了便于以后的采摘和管理，修剪高度在树高度相差不大时，就低不就高，相差较大时，应以多数茶树的高度为标准而进行修剪。

修剪时在剪去上部衰老枝干的同时，还要进行疏枝养蓬。病、虫枝、细弱枝剪去，清除虫卵和寄生植物，使茶树通风透光，养分集中，减少病虫和寄生植物的为害。

台刈：台刈的目的是刺激根颈处的生长点和树桩切口下部的不定芽萌发生长，集中利用根部储存的营养物质，促进新芽的萌发生长，更新骨干枝，培养新的树冠。

适宜台刈的茶树，一般是树龄较老，树势衰退，根系吸收养分能力弱，枯枝多，发芽能力弱，苔藓、地衣寄生植物及病虫为害严重的茶树。这样的茶树，即使加强肥培管理，并且进行不同程度的修剪，茶叶产量也很难提高，因此只有进行台刈，才能复壮树势。

台刈后，茶树形成的新枝是由根颈部的不定芽萌发而形成的，具有幼龄茶树的生育特性，嫩度好，含水量高，新陈代谢旺盛，光和效率高。研究结果表明，台刈后的新梢单芽重明显提高，未台刈的衰老茶树平均单芽重0.38g，台刈后为0.89g，单芽重提高134.20%。同时茶叶中的化学成分，如茶多酚类、水浸出物、咖啡因等都有不同程度的提高。

台刈高度一般离地面15cm左右，把茶树枝干全部剪去，只留主干，台刈工具用台刈剪或锯子均可，但要注意剪口平滑，树桩不能破裂，以免雨水浸入，引起腐烂。

台刈时间在春茶后的5月进行，根据我省干湿季分明的特点，春季干旱，台刈后新梢萌发生长较慢，形成新的树冠时间较长。

2. 根系改造

根系改造时在距茶树主茎20cm以外，进行50cm深耕，挖断侧根，更新茶树根系，促进新根旺盛生长，增加活动根的数量，使活动根向土壤的深度和广度发展，扩大茶树吸收水分和养分的面积，促进地上部的生长发育，恢复树势。根系改造的时间要选择适当，由于茶树地上和地下部的相互促进，可使断根及早愈合，为新梢生长获得有利条件。一般在更新树冠当年的5月进行，根系愈合后进入雨季，根系生长较快。如果在秋冬季进行，由于云南冬春干旱少雨，改造时根系破坏较多，需要较长时间才能恢复，根系在整个冬季还来不及愈合，春季新梢进入生长时根系无法充分供应养分，根系和新梢均生长缓慢，或虽已长出新根，但物质积累不多，无法向新梢运转，对茶树生长不利。

（二）土壤改良

土壤是茶树生长发育的基础，是茶树赖以生存所需的营养来源。许多低产茶园因茶树覆盖度小，缺株断行，土层瘠薄，水土流失严重，土壤肥力低下。因此，改造茶园土壤应从治水保土、深耕、加培客土及增施有机肥等措施着手。

1. 治水保土

茶园覆盖度小，水土流失严重的低产茶园，应针对园地现状，因地制宜，采用不同的治水措施，采取培土、改梯、护梯、开防洪沟等措施，来改善茶树的生长条件，达到提高茶叶产量和品质的目的。因此，在一般情况下，坡度在15°以下的茶园可以不改梯，但根据茶园情况，为了截拦地表径流，减少土壤冲刷，可隔10～15行茶树开一条横沟，与纵向排水沟相连。横沟的规格一般要求沟深40～50cm，沟面宽50～60cm，沟底宽25～30cm。坡度在15～25°的茶园都应当坡改梯，坡度25°以上的茶园改梯花工量大，而且梯台高，将来护梯也较困难，除在茶园上方开防洪拦水沟外，可隔8～10行茶树开一条横沟，把多余的雨水排出园外，坡度30°以上的茶园，可以根据茶树种植密度和生长状况，退茶还林，发展经济林木。坡改梯要根据茶园的地势、土壤，修建防洪、蓄水、排水沟。在茶园上方与山林相接处开防洪拦水沟，其深宽应根据山水的大小而决定，一般以50～60cm为宜。坡面长的茶园每隔三四十个梯台挖一条横沟，将多余的雨水，分段流入纵向排水沟（修筑的自然山箐），以免冲刷。在雨季时要注意防洪，尤其是防水沟淤塞，引起梯台倒塌。

在梯壁上种植匍匐型护梯植物或绿肥，如爬地兰、平托花生等，对保护梯坎，减少土壤冲刷，有良好效果，而且又可作为茶园割青用肥，一举多得。

对于土壤流失严重，出现的"香炉脚"茶树，则应结合茶园深耕施肥改梯，进行培土，加厚活土层，才有利于茶树的生长。

2. 深耕改土

土壤瘠薄的低产茶园，通过深耕，能疏松土壤，增加活土层和孔隙度，提高蓄水性和通气性，为好气性微生物的活动提供良好的环境，有利于土壤养分的释放和茶树根系的伸展。

深耕结合施用农家肥和磷肥，效果更为显著。有些低产茶园土壤侵蚀比较严重，土层浅薄，肥力低，仅靠深耕改土，还不能改变树势衰退、产量低的面貌，因此深耕时还要结合施有机肥和磷肥，才能更好地改善土壤的物理和化学性状，增加土壤养分，提高土壤保肥、保水能力，同时云南省红壤茶园可溶性磷比较缺乏，结合深耕改土，适当配施磷肥外，还要采取多种途径增加土壤中的有机质含量以改善土壤理化性质，减低土壤对磷的固定能力，从根本上解决土壤磷素缺乏的状况，提高茶叶品质。

3. 加培客土

茶树是深根作物，要求土层深厚。加培客土能加厚土层，扩大茶树根系土壤营养面积，有利于根系向纵向发展；同时还能提高土壤肥力，改善土壤质地和理化性状，增强土壤保水保肥能力。加培客土，要根据土壤质地区别对待，砂性重的加培黏性土，黏性重的加培砂性土，同时要注意土壤的理化性质，碱性土不宜作客土。云南生态条件优越，森林覆盖下的腐殖土有机质含量较高，是理想的客土材料，另外，塘泥也是较好的客土之一，应充分利用。

（三）园相改造

园相改造包括改善茶园生态条件、调整群体结构和不合理布局等方面。

1. 改善茶园生态条件

云南20世纪80年代前后，在大面积开荒种茶过程中，由于强调茶园集中连片，茶园四周、道路、水沟等范围内应保留的林木也被砍伐了，茶园内除了茶树，别无他物，纯茶园现象极为普遍。由于物种单一，生态失衡，病虫害集中暴发，水土流失加重，茶园裸露，低产低质。为此，对这部分茶园应按照新建茶园生态系统配置技术要求对茶园周边和园内植被进行改造和恢复，改善茶园生态条件，提高茶园生物多样性。

2. 调整群体结构和不合理布局

许多低产茶园存在着地块、道路规划设置不合理等现象。如茶园零星分散，不宜植茶的陡坡地也开垦成茶园；上山道路坡度过大，不利于机动车行驶和进出茶园进行农事作业，等等。以上种种弊端，宜调整园地布局，改造园相以利于茶叶高产优质的实现。

群体结构不合理的低产茶园，如缺株断行严重，覆盖度低的茶园，应调整群体结构。通过补植良种茶树，使缺株断行、覆盖度低的状况得到根本改观。对无一定株行距地条植茶园，应重新规划茶行，"拨正行向"，按合理的行向、行株距补植良种茶树，新茶树长大成行时，再去除老茶树。对坡度不大，土壤深厚，茶树年龄较老，茶株稀少，单产低，经济价值不大的茶园，可以采取以新代老，换种改植方法。在深翻改土，施足基肥，或进行坡改梯后，再按新式茶园的规格要求进行种植。另外，对于树龄不是太老，品种混杂，有一定种植密度和有改造前景的低产茶园，可以采用嫁接技术，改良茶树品种。利用嫁接技术改良茶树品种就是将所选择的无性系良种嫁接到群体茶园或实生苗砧木上，以此改善茶叶品质，增强茶树适应性和抗逆性，提高茶树生长势，实现高产、优质、高效的目标。用嫁接技术改造低产茶园，具有成园快、成本低、操作简单、容易掌握，又可达到换种的目的。

3. 云南大叶群体种茶树的低砧嫁接技术

选用优良品种：接穗应是适合当地生长、具有市场竞争力的优良品种，枝条的留养应选择健壮无病虫害的青壮年茶树。

嫁接时间：在温湿度较高的5～10月最为合适，接后愈伤组织形成快，成活率高，生长健壮。

嫁接工具：手锯（或电动手锯）：锯较粗的砧木；整枝剪：采、剪接穗；锋利的小刀：用于削接穗；砍刀：用于劈砧木；1220cm的长方形塑料薄膜袋：用于接后套接穗和砧木；10cm长的小楔子：用于挤开砧木劈口，另外还需备有包扎绳或细铁丝等物件。

嫁接方法：劈接法

剪砧木：每株茶树根据需要留1～3根主干，在离地面10cm处锯成砧木，切口要平滑，其余树干剪至地面齐平。

选接穗：选择母树上已打顶的半木质化枝条，要求粗壮、腋芽饱满、无病虫害。每个枝条可剪取1～3个有叶片和腋芽的接穗，要求当天采穗当天嫁接。

劈砧木：选用砍刀在砧木中间或三分之一处劈一垂直切口，深度略长于接穗的斜削面长度，然后用小楔子固定在劈口中间。

削接穗：把接穗枝条的下端两侧各削1刀成一侧较薄、一侧较厚的楔形，削面长约1.50cm，接穗上带有剪去三分之二的叶片和饱满的腋芽。

插接穗：把削好的接穗插入已劈开的砧木一端或两端，要求接穗的形成层和砧木的形成层对齐，然后拔掉砧木中间的小木楔，使砧木的劈口夹紧接穗。

套袋：把塑料袋开口朝下连同接穗、砧木一起套住，用细铁丝或包扎绳把袋口扎紧在砧木上，以保持袋内接穗的湿度。塑料袋不能靠着接穗，以免发芽后因光照过强而烧伤嫩芽。

遮阴：在茶行中搭40～50cm高的遮阴棚，上面盖禾草等遮阳物，透光率在30%左右。也可在整块茶园中搭1.80～2.00m的高棚，上面铺盖遮阳网。

嫁接后的管理

除萌蘖：对砧木上萌发出的不定芽要及时去除，以免消耗养分，也避免以后出现同一株茶树上有两个品种。

解套袋：当接穗新梢生长接近袋顶时，及时解除套袋。

除遮阳物：当嫁接后抽出的第一轮新梢成熟后，即可逐步或全部撤去遮阳物。其他的管理措施与一般茶园相同。

（四）低产茶园改造后的管理

改造低产茶园是综合性的技术措施，改造后要加强综合性的管理工作，才能收到预期的效果。因为茶园管理是改造低产茶园，提高茶叶产量和品质经常性的工作，只有做好茶园土壤耕作，合理施肥，及时除草，修剪养蓬，合理采摘，防治病虫害等，才能做到改造一亩，成功一亩，改造一片，成功一片，把低产茶园改造成稳产高产茶园。

1. 合理耕锄施肥

低产茶园只靠改造时的深耕、改土、施肥是不够的，改造后还要加强茶园的耕锄施肥等管理工作，不断地为茶树生长创造一个良好的条件，才能迅速恢复树势，提高茶叶产量和品质。因此对茶树重修剪、台刈后，当年要结合中耕除草要施追肥两次，第一次重修剪、台刈后1~2月结合茶园除草，追肥一次，然后在第一次追肥后的1~2个月再追肥一次，每次追肥一般亩施尿素7~10kg。

对于移栽补缺的茶苗，更要精心管理，增施肥料，促进茶苗快速成长，以便早成园、早投产、早高产。

2. 实行修剪养蓬

茶树重修剪后，一般经过1~2季的留养，树势便可迅速恢复，然后再结合1~2季的留养采摘，到茶季结束时再进行一次轻修剪，便可培养较好茶蓬。

茶树台刈后，为了培养良好的树冠，防止枝条徒长，当新梢长到40cm左右时，要进行定型修剪，把枝条上部剪去15~20cm，修剪时可以结合疏枝，把生长过密的细弱枝剪去，使枝条通风透光，养分集中。根据经验，一般留5~8根健壮枝条比较适宜，此后到新梢长到50~60cm时，再进行第二次修剪，剪去15~20cm，以促进新梢生长，扩大茶蓬。茶树台刈后，一般经过两次定型修剪，再结合一季留1~2片大叶轻采养蓬，到树高70~80cm，树冠覆盖度达70%以上，便可基本定型，可投产采摘。定型后，再逐年或隔年进行一次轻修剪，以整齐树冠，增加发芽密度，培养采摘面。

3. 合理采摘

茶树重修剪和台刈后，要严格禁止过早或过重采摘。实践证明，这是影响树冠改造成败的关键，因此对于重修剪的茶树，在当季停采养蓬期间，到新梢长到一芽四五叶时，可进行一芽二三叶轻采。一般经过一季的轻采养蓬，树势已基本得到恢复，再按投产茶园进行采摘。对于台刈茶树，在未完成两次定型修剪以前严禁采茶，每次修剪下来的枝叶，可把老叶和幼嫩芽叶分开来制茶，以增加经济收入。两次定型后，树冠已基本形成，为了继续扩大茶蓬，提高发芽密度，云南省主产区的经验是，在投产采摘初期，要做好采高留低，采里留边，采密养稀，采强留弱，留一至二片大叶采摘，到树冠养成后，再按一般生产茶园进行留叶采摘。

4. 防治病虫害

及时防治病虫害，是低产变高产的保证措施。低产茶园改造后要加强茶树病虫害的防治工作，在7~9月雨季中，由于幼嫩枝叶抗病力弱，容易发生茶饼病、茶云纹叶枯病以及小绿叶蝉、红蜘蛛、茶刺蛾等虫害，要及时进行防治，防止蔓延。

第三节　茶树设施栽培

茶树设施栽培作为露地栽培的特殊形式，主要是利用塑料大棚、温室和其他的设施，在局部范围改造或创造茶树生长的环境气象条件（包括光照、温度、湿度、二氧化碳、氧气和土壤等），进行茶叶生产目标的人工调节。在茶叶生产中除了塑料大棚和温室设施外，一些研究和部分应用性的还有无土栽培、遮阳网控光、防霜等等。

茶树设施栽培主要有两种形式，即塑料大棚栽培和日光温室栽培。两者都是利用塑料薄膜的温室效应，提高气温与土温，增加有效积温，提高茶叶开采期，以获得更好的经济效益。据测定，塑料大棚茶园比露地茶园每日平均气温提高2~5℃，最高气温提高7~12℃，最低气温提高2~4℃，增加活动积温（从1月1日到茶芽萌动）200℃，有效积温增加30℃，空气相对湿度提高8%~12%，茶叶开采期提早10~15天，提高高档名茶茶产量16%~35%，提高产值1.0~1.6倍，塑料大棚和温室还能减轻冬季霜冻和春季"倒春寒"的危害。由于采茶期提早，茶叶价格高，经济效益显著。

思考题

1. 何谓无公害茶园？

2. 无公害茶园建设有哪些要求？

3. 新茶园开垦种植过程中应注意哪些问题？

参考文献

［1］陈雪芬编著. 茶树病虫害防治［M］. 北京：金盾出版社，1996.

［2］石春华，虞轶俊主编. 茶叶无公害生产技术［M］. 北京：中国农业出版社，2005.

［3］童启庆主编. 茶树栽培学（第三版）［M］. 北京：中国农业出版社，2000.

［4］王平盛，何青元. 建设生态茶园，促进云南茶业可持续发展［J］. 中国食物与营养，2004（6）：26–28.

［5］汪云刚，梁名志，张俊. 云南茶树栽培技术［M］. 昆明：云南教育出版社，2009.

［6］杨亚军. 中国茶树栽培学［M］. 上海：上海科学技术出版社，2005.

［7］张汉鹄，谭济才编著. 中国茶树害虫及其无公害治理［M］. 合肥：安徽科学技术出版社，2004.

［8］中国农业科学院茶叶研究所主编. 中国茶树栽培学［M］. 上海：上海科学技术出版社，1986.

第五章　茶园土壤管理

第一节　茶园耕作

一、茶园耕作

（一）茶园耕作技术

1. 新植茶园的耕作方法

6～7月茶苗移栽后，至10～11月旱季初期，在茶苗根部附近用手拔除杂草，苗根30cm以内浅锄6～7cm，松土除草，在30cm以外的行间，如茶园开垦时行间已进行过深翻改土的，可进行10～15cm的中耕，翻土埋草，提土培根，并敲碎土块，使表土疏松、保湿，既能抗旱，又有利于茶根伸展。新建茶园，在定植后的一两年内，由于茶蓬较小，茶根浅，地面裸露，杂草较多，一般每年需要耕锄三次，才能保持土松、草净、保水、保肥，有利于茶树生长。第一次耕锄在5～6月；第二次在7～8月；第三次在茶树停采后11～12月进行。

2. 成年茶树的耕作方法

成年茶树茶蓬宽大，茶根伸向土壤深层，因茶树覆盖面积大，杂草较少，但由于采茶踩踏，土壤容易板结，每年应耕作二次，并逐步加深耕作层，以提高土壤保水、保肥能力，扩大茶树根系吸收水肥面积，促使茶树生长良好。第一次中耕埋草在7～8月进行，茶蓬覆盖范围内中耕10～15cm，松土除草。茶蓬范围以外行间中耕15～20cm，翻土埋草。第二次在10～12月进行深耕翻土，茶蓬范围内中耕除草，茶蓬范围以外行间深耕20～25cm，翻土埋草。

3. 茶园耕作应注意的问题

茶园耕作合理与否，对茶树生长、土壤结构、水土保持等都有密切关系。茶园耕作时间应选择晴天或雨后土壤稍干时进行。如果土壤过湿耕作时容易黏结成土块，同时又破坏了土壤结构，不利于茶树生长，过干，又容易引起死苗。此外，耕作时应尽量结合施肥进行，这样，既有利于扩大土壤吸收范围，有利于茶树吸收，又可消灭杂草，提高肥料的经济效益，而且又可减少根系损伤的次数。耕作后土壤要平整均匀，防止幼龄茶树根外露，造成死亡。

（二）茶园除草技术

1. 人工除草

人工除草是通过人工拔除、浅锄、浅耕等方法来有效治理杂草。是我国目前主要的除草方式，但费工、费时，劳动强度大，除草效率低。

2. 化学除草

化学除草剂可以分触杀型和内吸传导型。触杀型除草剂只能对接触到的植株部位起杀伤作用，在杂草体内不会传导移动，应用这类除草剂只作为茎叶处理剂使用。内吸传导型除草剂可被杂草茎叶或根系吸收而传入体内，向下或向上传导到全株型各个部位；首先使最为敏感部位受毒害，继而蒸煮被杀死，这类除草剂即可作为茎叶处理剂，也可作为土壤处理剂。

3. 行间铺草

在茶园行间铺草，可以有效地阻挡光照，被覆盖的杂草会因缺乏光照而黄化枯死，从而使茶树行间杂草发生的数量大大减少。茶园覆盖物可以是稻草、山地杂草，也可以是茶树修剪枝叶。一般来说茶园铺草越厚，减少杂草发生的作用也就越大。

4. 间作绿肥

幼龄茶园和重修剪、台刈茶园行间空间较大，可以适合间作绿肥，这样不仅增加茶园有机肥来源，而且可使杂草生长的空间大为缩小。绿肥的种类可根据茶园类型、生长季节进行选择。茶园间作绿肥种类，尽量不选地下有块根、块茎产生的作物，选中这些作物，会在茶行间起垄，影响茶树根系的正常生产。可选种牧草、豆科作物等生长快的绿肥。一般种植的绿肥应在生长旺盛期刈青后直接埋青或作为茶园覆盖物。

5. 地膜覆盖

在新植茶园，地膜覆盖可有效提高茶园保肥、保湿能力，同时也可有效控制杂草生长。据日本的研究认为，地膜覆盖除杂草的效果要好于铺草。国内研究表明，幼龄茶园地膜覆盖可起保水、抑制杂草生长的作用，不同颜色地膜覆盖对地下温度、水分分布影响差异大，夏季，高温与光照强烈，地表膜下温度会达到灼伤茶树的高温。

第二节　茶园灌溉与排水

一、茶园灌溉

茶树生长需要水分，在旱季对于茶树来说，不仅是"有收无收"取决于水，而且"多收少收"也强烈地受制于水。幼龄茶园，因茶树根系较浅，抗旱能力弱，茶苗最容易受旱而死亡，造成缺株断行。成龄采摘茶园由于茶树根系发达，入土较深，抗旱能力也较强，不易产生干旱死亡的现象，但在严重干旱时往往使茶树上的老叶脱落，影响光合作用，使茶芽萌发生长缓慢，芽叶细小，提前出现对夹叶，造成茶叶产量与品质下

降，因此，进行茶园灌溉，增加土壤含水量，防止旱害，对提高茶苗成活率，促进茶树生长，实现高产优质都有十分重要的意义。

（一）茶园灌溉的效果

茶园灌溉有显著的增产效果。在冬季施基肥的基础上，春季茶园灌溉，增产效果更显著。茶园灌溉不仅能提高春茶产量，而且对夏茶生产也带来有益的影响。因为春茶水分充足，茶树枝叶生长旺盛，光合效率高，同化物质多，为夏茶的萌发生长提供了优良的物质条件。

灌溉对提高茶叶品质的作用也是明显的。旱季灌溉能提高芽叶品质，芽叶持嫩性强，正常芽叶比例增加，对夹叶减少，茶叶中的氨基酸总量和水浸出物会有不同程度的提高，不利于茶叶品质的纤维素含量则会减少。

茶园灌溉对茶叶产量和品质的良好效应，与它改善土壤条件和茶园小气候的作用是分不开的。旱季灌溉较不灌溉的茶园土壤含水量提高5.60%～5.90%，地温降低2.6～2.7℃，尤其是喷灌，能使茶园内的最高叶温平均降低3～4℃，相对湿度增加10%～30%，其中又以每日早晨、下午高温后间歇性喷灌效果最佳。

（二）茶园灌溉水源和水质要求

获取灌溉水源途径为利用雨季余水与引入外部水源两类。山地茶园应尽可能修建或利用原有的山塘、水库，新建山塘、水库亦宜在具有较大积水面积的基础上选择自然地势较高的山谷。有条件的可在地势较高的山顶修建蓄水池，利用机械提水到蓄水池，对地势较低的茶园进行灌溉。

茶园灌溉用水的水质应符合农田灌溉用水标准，即含钙低、呈微酸性。所以，在灌溉前应做好水质的检验工作。无公害茶园灌溉水质必须符合表5-1的标准。

表5-1　无公害茶园灌溉水质标准

项目	浓度限值（mg/L）	项目	浓度限值（mg/L）
pH值	5.5~7.5	氰化物	≤0.5
总汞	≤0.001	氯化物	≤250
总镉	≤0.005	氟化物	≤2.0
总砷	≤0.1	石油类	≤10
总铅	≤0.1	铬（六价）	≤0.1

（三）灌溉的适宜时期

灌溉的适宜时期，可以根据土壤含水量及天气情况来确定，一般认为，茶园土壤的含水率以35%左右为适宜。土壤含水率在32%左右茶树均能正常生长，而且增产幅度较大，在土壤含水率为18%～20%时茶树生长就明显受到影响，茶芽萌发期推迟10～15天，而且茶芽短小，提前出现对夹叶。一芽二三叶新梢生长的长度，只有灌溉茶园新梢

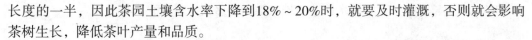

长度的一半，因此茶园土壤含水率下降到18%～20%时，就要及时灌溉，否则就会影响茶树生长，降低茶叶产量和品质。

茶园灌溉，根据土壤含水率和天气情况，确定灌溉的日期是比较可靠的，在春季茶树生育期中，如果天气不下雨，气温高，空气湿度低，而又刮风，土壤水分蒸发大的灌溉间歇时间可短些，反之，灌溉的间歇时间可长些，一般7～10天灌溉一次比较合适。

（四）灌水量

茶园灌水量涉及灌溉前的土壤含水率，以及灌溉后要求达到的含水率、土壤情况、茶树种植密度、茶树年龄等。一般经验认为不论采取何种灌溉方法，灌溉时耕作层的土壤必须湿透，土壤含水率达到田间持水量的70%～80%为宜。

（五）灌溉方式

茶园灌溉方式有浇灌、流灌、喷灌、滴灌等。

1. 浇灌

指直接淋水于茶树根部，它是一种最原始的劳动强度最大的给水方式。具有节约用水、减少水土流失、可以结合施肥（如稀薄人畜粪尿、沼液、尿素等肥料的浇施）的特点，尽管不宜大面积采用，但它特别适用于没有灌溉设施的苗圃和幼龄茶园临时抗旱时局部应用。浇灌应在早晚时分进行，要注意一次性浇透。

2. 流灌

即自流灌溉，它是用抽水泵或其他方式把水提升到沟渠后再引入茶园进行灌溉的一种方法。流灌简便易行、投资不大，能一次性解除土壤干旱，但灌溉水的利用率低、对地形要求严格、渠道占地较多、容易导致水土流失，一般只适用于平地茶园、水平梯级茶园和坡度均匀的缓坡茶园。

3. 喷灌

喷灌是利用喷灌设备将水加压，于空中将水喷洒在茶树及土壤上的灌溉方式。喷灌就是人工降雨，它具有增产作用大、节约用水、功效高、可以保持土壤良好的理化性状、劳动强度低、占地面积小等特点，这是云南省今后发展茶园灌溉宜采用的主要灌溉方法。

4. 滴灌

滴灌是利用低压管道系统将灌溉水送至滴头，由滴头将水滴入茶树根际供给茶树生长发育所需水分的一种最为节水的灌溉方式。滴灌是一种资金技术高度集约化的灌溉系统，投资大，技术要求高，且存在滴头、滴孔和毛管容易堵塞的毛病，在我国茶叶生产中极为少见。

不论茶园采用何种灌溉方式，都要根据各地的条件，因地制宜地应用。

二、茶园排水

茶园排水沟大致分为隔离拦山沟、等高截水横沟、梯面内侧小蓄水沟及纵排水沟四种。设沟多少，应根据当地雨量、茶园地势、坡面长短以及土壤质地等情况决定。如雨

量较多，坡面长而陡，土壤透水性差，排水沟道要多设，反之，则可少设。

（一）隔离拦山沟

在坡地茶园上方与林地交界处开等高隔离沟，拦截雨季山洪，以免冲毁茶园，并能拦截雨水，在雨后为茶园土壤所吸收，在雨量较多的地区，茶园上方林地面积较大的，隔离拦山沟最好用混凝土修筑。在干季，兼作引水灌溉的干沟，沟宽约1m，深70~80cm，沟内向一端呈2°~3°倾斜，若用土筑实的，沟壁呈60°~70°倾斜；混凝土筑的可呈80°倾斜。沟中挖出的泥土填在下方作为沟埂（道路），沟的一端通过纵排水沟排出的多余积水流入池塘、水库。

（二）等高截水横沟

坡面长的茶园，分段设置截水横沟，每隔五六十行茶树或四五十台梯地设置一条，以截断上段茶园和道路多余雨水，减少茶园土壤冲刷。沟宽50cm，深30~40cm，相隔10m长挖一稍比沟深的沉沙池，以沉积泥沙。

（三）小蓄水沟

在梯地茶园每个梯面内侧开蓄水沟，沟宽15~20cm，深10~15cm，积蓄雨水。雨量较大时，雨水积蓄于沟中，再缓缓渗入土层中，供茶树生长所需要，避免雨水沿梯面外流侵蚀或冲垮梯壁，新开茶园更为必要。

（四）纵排水沟

纵排水沟可汇集隔离沟、等高截水横沟的多余积水并排出园外，一般可利用天然山箐加以修筑，接通池塘、水坝，这样，即适应原山势排水，又节省劳力。切忌从山坡上（10°以上）顺坡开纵排水沟造成严重冲刷。

第三节　茶园施肥

一、营养元素与茶树生育的关系

在茶叶中已检出40多种元素，其中对茶树生长发育必需元素除碳（C）、氢（H）、氧（O）主要来自空气和水外，氮（N）、磷（P）、钾（K）、硫（S）、镁（Mg）、钙（Ca）、铝（Al）、锰（Mn）、铁（Fe）、锌（Zn）、钼（Mo）、铜（Cu）和硼（B）等都来自土壤。氮素虽非土壤矿物质，而来自空气，但它只有被矿化后，成为离子态，才能被茶树吸收利用。矿质营养元素中以氮、磷、钾需要量最多，且土壤中常供应不足，因而称之为"三要素"。

每年采摘鲜叶，都要从茶园中带走大量养分，一般每生产1t干茶将带走氮素约

45kg，再加上茶树根、枝、老叶等消耗的养分，茶树从土壤中吸收氮需180kg左右，吸收的养分远远高于采摘所带走的养分。由于茶树生长发育的各个阶段，总是有规律地要从土壤中吸收营养元素，以保证其正常生育之需，但土壤中的营养元素是有限的，故为维持茶树的正常生长发育和茶园土壤肥力，须用施肥以补充和调节，施肥是提供矿质元素的营养源。

茶树体内不同营养元素虽然含量相差悬殊，但各种元素均有其独特的作用，而且是其他元素不能替代的；无论其含量多少，对茶树生育的重要性并没有丝毫的差别，一旦缺少某一必要营养元素，茶树便会发生缺素症，只有补充该元素后，才能使症状消失或减缓。因养分之间存在着各种交互作用，故对养分的吸收都有一定的比例，这就要求茶园施肥须按一定的比例提供给茶树充足的所有必需养分。平衡施肥就是提供所有茶树必需的营养元素。在茶园施用的肥料中，以氮肥的增产效果最好，这是由于茶树对氮的需求量最大，且茶园土壤中有效氮又十分缺乏，难以满足茶树的要求，为获得高产优势，必须供给充足的氮素。但随着施氮量的提高，超过一定数额后，茶树产量不再提高，而出现"报酬递减"，这缘于因满足了茶树对氮素要求后，茶园土壤中其他元素又转而成为限制因子。

二、茶园施肥技术

茶园施肥效果与施肥时期和方法有密切关系，只有掌握适当的施肥时期，采用不同性质的肥料，经济合理的用肥量和施肥方法紧密结合起来，才能得到良好的施肥效果。根据茶树的生育周期和需肥特性，茶园施肥可分为底肥、基肥、追肥和叶面肥等几种。

（一）底肥

在开辟新茶园或改种换植时施入的肥料，称之为底肥。底肥的主要作用是增加茶园土壤有机质，改良土壤理化性质，促进土壤熟化，提高土壤肥力，为茶树生长、优质高产创造良好的土壤条件。施用底肥对新垦茶园尤其是对新垦条植茶园往往是高产优质的关键措施。据我国广大茶区的经验，茶园底肥一定要施深、施足、施好，才能充分发挥肥效。

茶园底肥以改土性能良好的有机肥为主，如牲畜粪肥、绿肥、草肥、秸秆、堆肥、厩肥、饼肥等，同时配施磷矿粉、钙镁磷肥或过磷酸钙等化肥，其效果要优于单纯采用速效肥。每亩肥料施用量为农家有机肥（牲畜粪肥）2000~3000kg，钙镁磷肥或过磷酸钙100~150kg。

（二）基肥

茶树地上部分停止生长之后施入的肥料，称之为茶园基肥。基肥的作用主要是提供足够的能缓慢分解的营养物质，以供给冬季根系生长活动的需要，同时也为第二年春季萌发提供养分，对春茶的早发、旺发和肥壮起重要作用。

1. 基肥的施用时期

基肥的施用时间取决于茶树地上部分停止生长的时间，一般在地上部分停止生长后立即施用，宜早不宜迟。适时施基肥，并结合冬耕，有利于越冬芽的正常发育，有利于损伤根系的愈合。

2. 基肥的品种及用量

施用基肥的目的不仅是为茶树提供营养元素，更主要是改良土壤理化性质，因此，基肥要求含有较高的有机质以便培肥土壤，改善土壤的理化性质，提高土壤保肥供肥能力；同时又要含有一定的速效营养成分，以利于茶树吸收。基肥还应具有缓慢释放养分的特点，以适应茶树在秋冬期间对养分吸收能力弱的特点。因此，基肥以迟效性农家肥为主，如厩肥、堆肥、绿肥、草煤（又名泥炭）、牲畜粪屎、油枯（油饼）等，是有机质含量比较丰富的肥料，同时混合N、P、K三元复合肥、过磷酸钙或磷矿粉施用，做到取长补短，既能为茶树提供部分速效养分，又能提供部分缓慢分解的有机养分，同时也具有改土作用。有机肥种类多，养分含量不一，对提供茶树养分能力和改土作用不尽相同。例如饼肥的含氮水平较高，对提高茶树的营养能力较好，但是碳氮比例低，改土培肥能力较弱。相反，堆肥和厩肥的含氮量较低，但是碳氮比例高，在提高土壤有机质方面作用明显。因此，可以采用饼肥和堆肥或厩肥的混合物，或者采取隔年轮换施用。

茶园基肥施用量要根据茶园土壤肥力水平、茶树年龄、茶叶产量、茶树生长势、耕作管理水平等因子综合分析，因园、因树制宜地施用，茶树由小到大，施肥量也应从少到多。一般来说，幼龄茶树在种植后的第二年至投产前，每年结合行间冬耕熟化土壤，亩施厩肥、堆肥、牲畜粪肥等有机肥1500~2000kg，或饼肥100~150kg，配施复合肥20~3kg；成龄采摘茶园基肥的施用数量还要增加，亩施厩肥、堆肥、牲畜粪肥等有机肥2000~3000kg，或饼肥200kg以上，配施复合肥30~40kg。

磷肥可隔年配合堆肥混合施用，亩施过磷酸钙25kg，钾肥（硫酸钾10kg），没有商品钾肥，可施少量草木灰。

3. 基肥的施用方法

幼龄及青年茶园，首先要探明茶树根系的分布范围，平地和梯地茶园在茶树两侧，20~25cm以外的茶行间细根范围外开两条宽15cm，深15~20cm的施肥沟，然后把肥料均匀地施入沟内覆土。覆盖度小的多条植幼龄茶园，也可在茶行的空隙间挖穴施肥。

坡地条栽茶园，可按上述距离，在茶树上方开施肥沟。

成龄茶园，根系分布范围基本上与树冠范围相一致，可沿树冠垂直的外围，开20~25cm深的施肥沟。应根据茶树的种植方式，采用不同的方式挖施肥沟，如平地、梯地及坡地等高条植茶园，可开长条形施肥沟；平地丛植茶园沿茶丛周围开环形施肥沟；稀植坡地茶园在茶树上方开半圆形沟施，施下肥料与土壤拌和后，再用土覆盖。

（三）追肥

茶树地上部生长期间施用的肥料，称之为茶园追肥。追肥的主要作用是不断补充茶树生长过程中对养分的需要，促进茶树生长，达到持续优质高产的目的。在生长旺盛季节，茶树除了利用贮存的养分外，还要从土壤中吸收大量营养元素，因此需要通过追肥

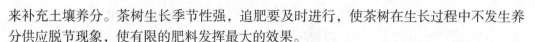

来补充土壤养分。茶树生长季节性强，追肥要及时进行，使茶树在生长过程中不发生养分供应脱节现象，使有限的肥料发挥最大的效果。

1. 追肥时期

追肥时间一般在各茶季之前，分为春、夏、秋追肥。

第一次追肥在春茶萌发前的2月中旬至3月上旬进行，这次追肥也称催芽肥，茶树经过冬季恢复休整，到第二年春季随着气温的上升，地上部分开始萌动，除利用体内储存的营养物质供新梢生长外，同时也还需源源不断地从根系吸收营养物质，供新梢生长。第二次追肥在夏茶前的5月中下旬进行，茶树经过春茶的旺盛生长和多次采摘，消耗了大量的营养物质，为了保证夏茶的正常生长，需要及时补充养分，此次追肥称为夏肥，一般在春茶结束后立即进行。第三次追肥在夏茶后期7月下旬至8月上旬进行，以促进秋茶增产，此次追肥称为秋肥。

幼龄茶园的追肥时期与成龄茶园大致相同，同时为了发挥定型修剪的效果，可在修剪措施后立即进行追肥。

2. 追肥的品种及施肥量

茶树旺盛生长期间对养分的吸收能力强，吸收快，因此追肥以速效氮肥为主，常用的有尿素、碳酸氢铵、硫酸铵等，在此基础上配施磷钾肥及微量元素肥料，或以复合肥作追肥。

茶园追肥要依据树龄、茶叶产量和土壤肥力水平进行考虑，一般来说，茶树从小到大，产量由低到高，施肥量也随之增加。茶园每年亩施氮肥数量如表5-2，供参考。

表5-2 茶园氮素追肥用量

茶园类型	树龄	施纯氮（千克/亩）	茶园类型	亩产干茶（千克）	施纯氮（千克/亩）
幼龄茶园	1~2	2.5~5	成龄茶园	25~50	7.5
	3~4	5~7.5		50~100	7.5~12.5
	5~6	7.5~10		100~150	12.5~17.5
	—	—		150~200	17.5~25
	—	—		200以上	25以上

追肥的分配比例，主要取决于茶树的生物学特性、采摘制度及气候条件等因子。幼龄茶园的追肥，如果分两次施，第一次可施下全年用量的60%，第二次为40%；如分三次追施，可用50%、30%、20%分施。对于采摘茶园可采用40%、30%、30%或50%、25%、25%的比例施用。

3. 追肥的施用方法

幼龄及青年茶园开施肥沟的位置同基肥一样，不过施肥沟的深度可浅一些，一般开5cm左右的平底沟，将所施化肥均匀地施入沟内，再用土覆盖。如在春茶前旱季追肥，应先用水溶解化肥，再浇入施肥沟内，待肥液被土壤吸收后，再覆土。一般0.50~1.00kg化肥兑水50kg，这样可以使肥料迅速被茶树根系吸收，又有抗旱作用。

成龄茶园追肥，在原来施基肥的位置上，开10~15cm深，30cm左右宽的平底浅

沟，开沟的形状与施基肥一样，将应施的化肥均匀地施入沟内与土壤拌合后再用土覆盖，旱季施用化肥应兑水浅施，以提高肥效。

（四）茶树叶面施肥

茶树主要依靠根部吸收矿质营养，叶片也能吸收吸附在叶片表面的矿质营养。因此，在茶园施肥中，除了正常的土壤施肥外，还可以进行叶面施肥。叶片吸收吸附在其表面的营养物质有两种途径：一是通过叶片的气孔进入叶片内部；二是通过叶片表面角质层化合物分子间隙向内渗透进入叶片细胞。这些物质进入细胞后，同根部吸收的营养一样被同化。茶树吸收的营养物质，能迅速地输送到其他组织和器官中，尤以生长比较活跃的幼嫩组织（如新梢）中较多，输送到根系的较少。

1. 茶树叶面施肥的优点

（1）茶树叶片除了光合作用外，还能吸收附着在叶子表面溶解状态矿物质作为自己营养成分。茶树的叶片吸收，主要是通过叶片的气孔和表皮细胞渗透到植物体内参加代谢活动。

（2）叶面肥可以同防治病虫害、喷灌等结合，可提高劳动效率，节省用工。

（3）叶面肥，尤其是微量元素的施用，可以活化茶树体内酶的体系，从而可以加强根部的吸收能力。如：茶树施硼肥，可以促使茶树根部对磷、硫、钙等元素的吸收。

（4）在逆境条件下，喷施叶面肥还能增强茶树的抗性。例如干旱季节进行叶面施肥，还可以改善茶园小气候，有利于提高茶树抗旱能力。而在一些冬季气温较低地区，在秋季进行叶面施磷、钾肥，可以提高茶树抗寒越冬能力。

2. 叶面肥的肥料种类和浓度

叶面肥施用效果与肥料浓度有较大关系，浓度过低效果差，浓度过高容易灼伤叶片，因此，叶面肥浓度必须适当。叶面肥种类较多，大致可分为大量元素类、微量元素类、稀土元素类、生长调节剂类和综合营养液类叶面肥。由于种类较多，性质和作用各不相同，施用的浓度和用量有较大差异。因此，在使用前要注意参照说明书。下面列出几种茶树叶面喷施的大量和微量元素的浓度（表5-3）

表5-3 茶树根外追肥的肥料种类及使用浓度

肥料名称	喷施浓度（%）	肥料名称	喷施浓度（%）
硫酸铵	0.5~1.0	硫酸锰	0.1~0.5
尿素	0.2~0.5	硫酸锌	0.005
过磷酸钙	1~2	硫酸镁	0.01~0.05
硫酸钾	0.5	硼酸	0.005~0.01
硫酸铜	0.1~0.5	钼酸铵	0.002~0.005

3. 根外追肥应注意的事项

（1）根外追肥最好在新梢伸育的初期进行，即鱼叶和第一片真叶初展时喷施最好。因为幼嫩芽叶表面细胞柔软，吸收养分较快，能及时促进新梢生长。

（2）喷施时间以傍晚或阴天为宜，早上有露水，肥料容易稀释流失，中午有烈日，高温暴晒引起水分快速蒸发改变肥液浓度，使茶树叶片枯焦，同时也要防止喷施后下雨淋洗，降低根外追肥效果。

（3）茶树叶片正面蜡质层较厚，而背面薄，气孔多，吸收能力较正面强，因此喷施时要正、背面同时喷施，特别要注意叶片背面的喷施。

（4）在与农药配合时，要注意农药和肥料的化学性质，酸性农药配酸性化肥，碱性农药配碱性化肥，以免改变药液的性质。

（5）据研究证明，叶面吸收的营养物质不能运送到茶树所有器官及组织内，因此，根外追肥不能代替根部追肥，在叶面喷施的同时，还要加强根部追肥，这样才能起到较好的作用。

第四节　茶园土壤肥力培育与养护

一、茶园间作

（一）茶园间作的种类及间作物选择原则

茶园间作的种类目前在生产上非常多。主要分两种，一种是茶行间套种一年生植物，如绿肥、大豆、玉米等；另一种间作，是目前许多地方的套种果树，林树等多年生树种或经济林。

1. 茶园间作的种类

（1）幼龄茶园和改造后的茶园中间作的主要种类有豆科植物的白三叶草、绿豆、赤豆、大叶猪屎草等；还有紫云英、高光效的牧草，如苏丹草、墨西哥玉米、美国饲用甜高粱等。

（2）在成龄茶园中，间作物主要有果树，如梨、板栗、桃、葡萄、李子、樱桃、大枣等；还有经济树种，如杉木、乌桕、相思树、银杏等。

2. 间作物选择原则

（1）不能与茶树急剧争夺水分、养分。

（2）能在土壤中积累较多的营养物质，并对形成土壤团粒结构有利。

（3）能更好地遏制茶园杂草生长。

（4）作物较少或不与茶树发生共同的病虫害。

（二）间作方法

间作方法应视茶树株行距、茶树年龄、间作物种类等来确定。常规种植茶园，1~2年生茶树可间作豆科作物、高光效牧草等品种；3~4年生茶树，因根系和树冠分布较广，行间中央空隙较少，只能间作1行，不宜种高秆作物；成年茶园间作主要以果树和

经济林为主，根据各地经验，间作物成年后把茶园遮阴度控制在30%~40%，如高大型树种，种植规格为12.5m×10.0m，种植密度为75~80株/hm²；低型树种，种植规格为6.0m×6.0m，种植密度为300株/hm²左右。

二、茶园地面覆盖

茶园覆盖的方式较多，可分为铺草覆盖、地膜覆盖等。

（一）铺草覆盖

茶园行间铺草是我国的一项传统栽培措施，可以防止土壤冲刷，减少杂草生长，保蓄水分，稳定土壤温度，增加有机质和养分，对提高茶叶产量、品质有明显的效果。

铺草时期的确定，应根据所要达到的目的而定。以防止水土流失为主的，要在当地常年雨季来临之前铺草覆盖；以消灭某些顽固性杂草为主的，就要在该杂草萌发后不久进行铺草覆盖。

铺草材料很广泛，一般就地解决或割取附近的山草和杂草，注意杂草必须未结籽或结籽未成熟。芒萁、稻草、麦秆、豆秸、油菜秆、绿肥的茎秆、甘蔗渣、豆壳等均是较好的铺草材料，落叶、树皮、锯木屑也可利用。

茶园覆盖效果与数量，覆盖方法和厚度有直接关系。一般在茶园行间铺草，每亩需要1500kg以上，铺草重量因材料的不同而有差异。铺草厚度才是决定效果的重要因素，一般铺草厚度在10cm左右，如果太薄便会影响铺草效果。

（二）地膜覆盖

地膜覆盖的主要作用是稳定土壤热量，减少冬春干旱季节的土壤水分蒸发，具有抗旱保墒作用。茶园覆盖的地膜一般为白色聚乙烯薄膜，厚度约为0.015mm，薄膜宽度根据茶园梯面宽度选择相应的规格，一般为60~80cm。

铺膜时期一般选择在雨季刚结束，土壤含水量较高的10月进行。由于覆膜后不能进行除草施肥等工作，因此，在覆盖地膜前，要进行中耕除草，施足肥料。

单条栽茶树，可将薄膜裁成两半，从茶行两侧对向铺膜，使茶苗地上部露出薄膜，对接处用土压实；多条植茶树，一般采取从茶行的一端铺向另一端，需要在薄膜覆盖到茶苗的位置上戳开无数小口，让茶苗从薄膜中钻出来，地膜铺好后两侧用土压实，在膜上再盖一层土，防止地膜破损。要细心操作，避免损伤茶苗。

思考题

1. 茶园耕作的技术要点是什么？
2. 茶园主要肥料种类和特点是什么？
3. 如何才能做到合理间作？

参考文献

［1］童启庆主编. 茶树栽培学（第三版）［M］. 北京：中国农业出版社，2000.

［2］杨亚军. 中国茶树栽培学［M］. 上海：上海科学技术出版社，2005.

［3］姚国坤，虞富莲，吴洵编著. 茶树栽培［M］. 北京：气象出版社，1992.

第六章 茶树树冠培养

茶树树冠培养是茶园管理主要栽培技术措施之一。它是根据茶树生长发育规律，外界环境条件变化和人们对茶园栽培管理要求，人为地剪除茶树部分枝条，改变原有自然生长状态下的分枝习性，促进营养生长，延长茶树的经济年龄，从而达到持续优质、高产、高效的目的。

第一节 茶树高产优质树冠的构成与培养

良好的茶树树冠结构是优质、高产、高效的基础。茶树树冠的高矮、宽窄、形状、结构，直接影响茶树生育、产量和质量。所以，从茶树栽种之后，就必须采用人为的修剪措施，将茶树树冠培育为理想的高产优质型树冠。

一、优质高产茶树树冠构成

优质高产型茶树树冠的外在表现是，分枝结构合理、茎枝粗壮，高度适中，树冠宽广、茂密，冠面有一定的载叶量。

（一）分枝结构合理

茶树的分枝结构包括了分枝级数、数量、粗细等，它们随树龄增大而发生变化。自然状态下生长的茶树，经3~9年生长，有7~8级分枝，茶树基本成型，树体较高，分枝稀疏，人为修剪下的茶树，到8~9年时分枝数会迅速增加，树冠高度得到控制。这样的分枝状态，茶树的产量可达最高值，育芽能力也强，到达一定分枝级数之后，分枝密度不再增加，只是进行上层枝梢的更新。当采面小枝出现较多结节和干枯时，其上部枝梢育芽力下降，自然状态下，冠面出现自然更新，上部枯死，下部抽生，人为修剪条件下，采用修剪措施，剪除衰老枝条，促使其更新。

研究表明，高产优质型茶树树冠最初的一、二级分枝粗壮，分枝数少，空间分布均匀，起到支撑整个树体的作用，由此基础之下进一步发生的新一级分枝也就健壮，为茶叶生产构建了一个优良的枝干骨架和健壮生产枝层的基础，从根茎部到树冠面，枝条粗度逐级下降，分枝数量显著增加，从而有效地育出较多的新枝和长势旺盛的正常芽叶。高产树冠的分枝不仅要有一定的分枝级数和密度，而且要求枝条粗壮，这样才能构成良好的树冠骨架和广阔密集的采摘面。

远离根基部的冠面最先表现出茶树树体的衰老症状，当采面生产枝变得细弱，出现较多结节，芽叶中有较多的对夹叶发生时，说明其育芽力下降，需要用修剪的方法，剪除树冠面衰老的枝条，人为地恢复树冠面健壮生产枝结构，以维持较好的育芽能力。进一步的树体衰老将会反映在离根基部较近的骨干枝上，同样利用修剪的方式，按衰老程度采用不同改造的措施，使衰老枝条更新复壮，重新获得分支结构合理的树冠。

（二）树冠高度适中

茶树树冠高度与茶叶的生产管理有着十分密切的关系，直接影响着茶叶生产效益，一定的树冠高度，有利于生产管理。当茶树达一定高度之后，茶树的树冠能覆盖整个生长空间，形成较好的树冠覆盖度，树冠高度的进一步增高，茶树枝条的空间分布显得拥挤，无助于提高茶树对光能的利用，增加了非经济产量的物质消耗。树冠过于低矮，茶树分枝则不能有效地占据整个生产空间，分枝稀疏，产量下降，过高或过矮的树冠都不利于茶叶的采收与修剪管理。

按我国茶区气候条件和品种差异，栽培茶树树冠大致可分为高型、中型、低型三种。在云南、广东、广西、福建、台湾等南方茶区，因气候温暖，多雨湿润，茶树品种多为直立型乔木、小乔木大叶种，年生长量大、树势旺，通常培养成高达1m左右的高型树冠；在长江流域，从四川到浙江的我国中部茶区，多栽培灌木型中小叶种或少量种植小乔木型大叶种，茶树生长量已不及南方茶区，通常培养成80~90cm的中型树冠；矮化密植茶园和我国高山及北方茶区，因种植密度提高，不必达到常规茶园的高度就能有较高的分枝密度，或因气候条件差，年生长量小，这些茶园多培养成50~70cm的低型树冠，上述几种树冠在不同的种植区域和不同管理条件下，都有获得高产优质的实例，但多数仍存在着偏高的倾向，综合茶树生产枝空间分布密度和茶叶生产管理，茶树树冠培养高度控制在80cm左右为合适，即便是南方茶区栽植乔木型大叶种，树冠亦以不超过90cm为好。

（三）树冠覆盖度大

控制茶树树冠高度的前提是，在这一高度下，经人为的修剪与其他管理措施的运用，能使茶树的生产枝布满整个茶行的行间，形成宽大的绿色采摘面，高幅比达到1∶1.5，两行间的茶树分枝略有交错，通过人为修剪措施的采用，保持两行茶树树冠间保留20cm左右宽度的行间距，供作采摘、修剪、施肥等生产管理的操作道，这样茶树的树冠覆盖度达到85%左右，树冠幅度过宽，超过茶树枝条延伸最佳值，不能孕育粗壮芽叶，也不便于采摘；过窄则土地利用不经济，裸露地面积大，水土冲刷情况严重，采摘面小，难以实现高产。

（四）有适当的叶层厚度

高产优质的茶树树冠应有一定的叶层，以维持正常的新陈代谢，尤其是接近采摘面叶片的数量和质量左右着新芽生长的好坏，直接影响茶叶的高产和优质。

高产茶园的实践揭示，一般中小叶种高产树冠面保持有10cm左右厚的叶层，大叶种枝叶较稀，有20cm左右的叶层厚度。

茶树树冠面留有一定数量叶片，茶芽粗壮，芽叶大而重，反之，则芽叶瘦小，留在

树上的老叶对新生芽叶营养起着重要的作用，因此，保留一定数量的叶片越冬，对保证春茶生产起重要作用，新芽大量萌发生长，渐趋成熟，老叶逐渐脱落，这是叶层更迭的自然规律，老叶的脱落，叶面积指数下降，所以在生长季节中，采摘应适当留叶，补充脱落的叶片，维持叶面积指数的平衡，以利下季芽叶的正常生育。

保证树上有足够的叶量是一个方面，叶片的质量是构成高产优质树冠因素的另一重要方面，叶片质量好，生机旺盛，光合积累量大，育芽能力强，所以，适时留养一定量光合效率高的叶片（常常是一轮梢的中间大叶）于树冠面上是十分必要的，同时，增施肥料，尤其是足量的氮肥，适当配施磷肥，增进叶片质量，提高留养成叶的光合作用能力能起到较好的效果。叶片的质量在叶片色泽上较易区别，一般叶色浓绿，富有光泽的成熟定型叶质量最好，将脱落的老叶则较差，春梢上长出的叶片寿命长，叶片光合效率高。

二、茶树树冠培养的主要修剪方式

茶树在自然生长状态下，树高、幅窄、枝少，层次结构不理想，不可能形成高产优质的树冠。各地研究和实践结果均表明，在茶树幼年期，通过定型修剪，培养和促进茶树从自然树型过渡到经济树型，这是培养树冠骨架，奠定高产优质树冠最基础、最重要的修剪；进入青壮年阶段，茶树产量、品质处于上升阶段，这时，主要通过轻、深修剪，以保持树冠面生产枝的粗度和数量，控制树冠的一定高度，使生产芽叶的产量和品质维持在一定的水平。之后，树冠出现不同程度的衰老症状，通过重修剪或台刈，使枝梢得以复壮，恢复或超过原有树型和生产力水平。

简言之，利用修剪措施培养树冠的方法和程序主要是三种方式：一为奠定基础的修剪——定型修剪；二为冠面调整、维持生产枝的修剪——轻修剪和深修剪；三为树冠再造的修剪——重修剪和台刈。

定型修剪是奠定高产优质树冠基础的中心环节，此法用于幼年茶树和台刈后的茶树，它通过剪去部分主枝和高位侧枝，控制树高，培养健壮的骨干枝，促进分枝的合理布局和扩大树冠，经几次定型修剪后，树冠分枝层次增加，有效的生长枝增多，树冠面扩大，因此，定型修剪是培养骨干枝，在骨干枝上培育有效生产枝的重要手段，但培养成理想的树冠结构（包括树冠高度、幅度和分枝层次、结构及密度等），需经多次定型修剪才能完成，并应在定型修剪的基础上，通过轻修剪和打顶轻采，加以调整，才能更好地达到树冠定型的目的。

第二节　茶树修剪技术

茶树修剪是茶园高产优质栽培技术措施之一。它是根据茶树生长发育内在规律，利用茶树的分枝习性，人为剪除茶树部分枝干，迫使茶树改变原有的自然生长状况，使树冠向外围空间开展，促进营养生长，延长经济树龄，从而达到持续高产、优质的目的，

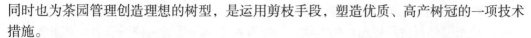

同时也为茶园管理创造理想的树型，是运用剪枝手段，塑造优质、高产树冠的一项技术措施。

茶树修剪的方法主要有定型修剪、轻修剪、深修剪、重修剪和台刈5种。

一、茶树的定型修剪

定型修剪主要用于幼龄茶树和台刈后的茶树，是奠定高产优质树冠的中心环节。目的是通过剪去部分主枝和高位侧枝，控制树高，培养健壮的骨干枝，促进分枝的合理布局和扩大树冠。

云南大叶茶顶端优势强，主枝生长快且健壮，侧枝少且细弱，树姿多为直立型，需采取多次矮化定型修剪，才能抑制茶树的顶端优势，培养粗壮的骨干枝和形成宽阔的树冠。云南大叶茶树的定型修剪一般要进行四次。

第一次定型修剪：当年雨季6～7月移栽的茶苗到9～10月，当茶苗高度达到30cm，主茎粗0.4cm时，便可进行第一次定型修剪，未达到标准的可延至第二年4月下旬或5月上旬再修剪。剪留高度10～15cm，用整枝剪剪去主枝，不剪侧枝，尽量保留外侧的腋芽，使发出的新枝向外生长。

第二次定型修剪：在第一次定型修剪后茶苗高度达40～50cm时，在原剪口的基础上提高15cm修剪，即剪口离地高度为25～30cm，用整枝剪剪次生主梢，修剪时注意留养外侧腋芽，使分枝向外生长。

第三次定型修剪：在第二次定型修剪后，茶苗生长高度达60～70cm时，在原剪口的基础上提高15cm修剪，用整枝剪剪去直立枝，即剪口离地高度为40～45cm。

第四次定型修剪：在第三次定型修剪后，茶苗生长高度达80cm左右时，在原剪口的基础上提高20cm，用篱剪剪平，使茶树高度达到60cm左右。

幼龄茶园经过四次定型修剪，便能培养较好骨架，形成宽大茶蓬。为了继续扩大茶蓬，适当提高茶树的高度，在投产当季要以养为主，留1～2叶轻采，而后根据茶树生长情况再适当留一叶或鱼叶进行采摘。到茶季结束时，用篱剪在第四次定型修剪基础上提高10～15cm进行一次轻修剪，剪平树冠面，提高发芽密度，把茶树生长高度控制在80cm范围内，比较适宜。

二、茶树的轻修剪和深修剪

茶树（成龄）的修剪是为了促进发芽，控制茶树生长，使茶树保持旺盛的营养生长和整齐的树冠面，以利于提高茶叶产量和品质。

轻修剪。轻修剪的目的是刺激茶芽萌发，解除顶芽对侧芽的抑制，使树冠面保持平整，调节生产枝数量和粗壮度，便于采摘、管理。根据云南的气候特点，轻修剪一般安排在秋茶结束后的10月底至11月中旬进行。

投产茶园，一般每年或隔年都要在茶树树冠采摘面上进行一次平剪，每次修剪都是在上次剪口的基础上提高4～6cm，剪去新梢顶端，刺激新梢基部腋芽的萌发能力，并促进营养生长，抑制开花结果，保持整齐的采摘面。

采摘茶园轻修剪后树冠面的形状，一般有水平形和弧形两种。云南大叶茶树由于顶端优势较强，以采用水平形为好，中小叶种茶树以弧形树冠较为适宜。生产上对云南大叶茶树也开展了其他修剪形状的探索，如云南西双版纳州普文农场试验结果表明，槽形修剪优于平行修剪，槽形修剪就是将树冠面中间剪成凹形，从茶园外部看，树冠一起一伏，称之为"波浪形"，其采摘面大于水平形，产量也较水平形高。还有部分茶区将茶树修剪成"厂"字形的，将接受阳光较多的一面修剪成斜面，树冠面修剪成水平。"厂"字形修剪使茶树接收到更多的阳光，有利于有机物质的合成，同样能够取得较高的产量。茶树不同形状的修剪是新的探索，各地可试验推广并总结完善。

深修剪。深修剪也称回头剪，是一种改造树冠，恢复树势的修剪措施。根据云南的气候特点，深修剪一般安排在春茶结束后的5月中旬进行。

茶树经过几年的采摘和轻修剪，采摘面会出现一些密集的"刷把枝"和"鸡爪枝"，阻碍养分输导，发出的芽叶细小，对夹叶多，育芽能力衰退，新梢生长势减弱，甚至出现生产枝干枯死亡的现象，降低了茶叶的产量和品质。这种情况需用深修剪的方法，除去"鸡爪枝"，切除结节的阻碍，使之重新形成新的枝叶层，恢复生长势，提高产量和品质。

深修剪的深度一般是剪去树冠面20～30cm的枝叶，以剪除"鸡爪枝"为原则。（图6-1）深修剪周期一般为3～4年，经过深修剪后，再进行几年的轻修剪，如果茶树育芽能力减弱，发芽细小，对开叶增多，产量下降，或茶树长得过高，不便采摘时，可进行一次深修剪，这样轻剪和深剪交替进行，可使茶树保持旺盛的生长，持续高产。

图6-1　茶树深修剪示意图

深修剪应结合疏枝措施，即茶树深修剪后，用整枝剪剪去树冠内部和下部的病虫枝、细弱枝和枯老枝，以减少茶树养分的消耗，进一步提高茶叶产量和品质。

另外，修剪的茶树要加强肥培管理，注意病虫害的防治，才能使新梢生长健壮，提高产量，同时也要注意留养采摘，避免新生长势下降，育芽能力减退，产量下降。

三、茶树的重修剪和台刈

茶树的重修剪和台刈，主要指衰老或未老先衰茶树的修剪，要根据衰老程度的不同，采取重修剪或台刈两种方法，使茶树更新复壮。根据云南的气候特点，茶树重修剪和台刈的时期在春茶结束后的5月为宜。

重修剪：适用于半衰老或未老先衰的茶树，茶树树龄不一定很大，因定植时土肥基础差，茶苗种植后管理较粗放，或过早过重的采摘等原因，使茶树生长势迅速衰退，枯枝、"鸡爪枝"增多，发芽稀少而细小，茶叶产量逐年下降，即使加强肥配管理和进行深修剪处理，也难以受到较好的效果，但其骨干枝和有效分枝仍有较强生育能力，对这样的茶树就要进行重修剪，使其更新复壮。

重修剪的高度，一般是剪去茶树的1/2或2/3，剪留高度40～50cm为宜（图6-2），如果树型高大，枝条衰老程度较轻，可以适当剪得高些，反之，茶树低矮，枝条衰老程度较重的，可以剪得低些，但剪得过重，茶树树势恢复时间较长，剪得过高，又达不到更新复壮茶树的目的，因此重修剪的高度要适当，不能过高或过低。

台刈：茶树树势严重衰退，枝稀叶少，多数枝条丧失萌发能力，有的枝杆已长满地衣、苔藓，茶树吸收养料的能力减退，产量很低，即使加强肥培管理，并进行不同程度的轻重修剪，但茶叶产量也很难提高。对这样的茶树就应该进行台刈更新，离地面15cm左右，用利刀或锯子除去上部的枝干，使其从根颈部分萌发出生长强壮的年幼枝条，然后再按幼龄茶树培养树冠的方法，培养新树冠（图6-3）。

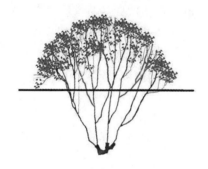

图6-2　茶树重修剪示意图

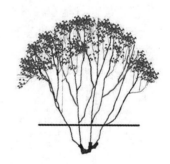

图6-3　茶树台刈示意图

四、茶树修剪时期的确定

不同时期进行茶树修剪，对树冠养成的好坏影响很大，修剪时期掌握的不恰当，达不到预期的目的，甚至造成茶树茎干枯死。修剪人为地给茶树带来了创伤，这一创伤的恢复，需要体内有一定的养分积蓄。茶树体内养分一年之中变化很大，体内养分的消长，主要表现于碳水化合物和含氮化合物的动态消长。一年中，茶树体内碳水化合物的变化表现为，从秋季茶树慢慢进入休眠时开始，地上部的养分就逐渐向根部转移，在根

部积累贮藏起来，至翌年春茶萌发时，再从根部将贮藏的养分输送到地上部，供新梢生长的需要。茶树根部的淀粉和总糖量贮藏从9月下旬开始增加，到次年1~2月达最大值，8月份前后体内储藏量最小。

根据茶树体内养分的年变化规律和各地的气候条件，我国长江中、下游茶区，修剪宜在春季茶芽萌发前的3月上旬（惊蛰前后）进行，这时根部养分贮藏量大，气温正处回升时期，雨水充足，茶树修剪后恢复生机有利，长江上游的四川茶区，早春气温回升快，与同纬度的长江中、下游茶区相比，日均温高2~3℃，该地区修剪可提前半个月进行（立春—雨水）。但就修剪对当年经济效益的影响角度来考虑，台刈、重修剪、深修剪可延至春茶后进行，春茶后茶树体内养分积累也有一个小高峰，同时温度还未达夏季最高时期，雨水充足，5~6月份茶树生长量大，假若在修剪的同时重施肥料，加强管理，对根部物质贮藏不足的矛盾予以补偿，也可获得好的效果，但幼年茶树定型修剪，是为培育健壮的骨干枝，不对生产造成影响，修剪时期仍以早春为好。

就我国茶区而言，春茶前修剪，剪后恢复的营养基础好，剪后气温逐渐回升，有利于剪口愈合和新枝再生，不足的是，修剪时间短促，会因大面积安排不妥而贻误时机，过早剪易受冻，过迟剪推迟茶芽的萌发，对春茶生产有较大的影响。

一些冬季无冻害和旱害发生的地区，常采用秋季修剪，秋剪处于根部养分渐渐积累时期，剪后的营养基础不及春剪，但修剪时间易于安排，有利于越冬芽的孕育，春季茶芽早发，冬季常有冻害发生的茶区，不宜采用秋季修剪。

在热带或毗邻热带茶区，茶树周年生长不息，无明显的生长期和休止期，糖的积累与分解都较快，茶树的最佳修剪期应该是茶树生长相对休止期的中、后期，如海南省，基本上全年都生长，只是在12月至翌年1月生长量下降，这样的茶区，应严格把握修剪时期，在生长量下降的中后期进行修剪，否则，会由于树体内养分的积累少，新梢养分供应不足，加上修剪造成创伤，伤口愈合缺少营养，而影响茶树的生长。有些茶区雨季、旱季分明，如云南省，从12月份起气候干燥，降雨量少，干旱严重，春季修剪对树势恢复不利，这种茶区，应考虑在春茶后雨量丰富的季节来临初期进行为合适。

总之，茶树的修剪适期，应考虑在茶树体内养分贮藏量大，修剪之后气候条件适宜，有较长的恢复生长时期进行，此外，还得综合考虑各地的生产效益、生产茶类、茶树品种、劳动力安排等因素。

五、茶树修剪机械及选配

传统的修剪方式都是用整枝剪、台刈剪、锯、砍刀等工具进行人工修剪，这种方式的修剪，使用灵活、简单，但劳动强度大，耗时多，工效低，随着社会经济的发展，农村劳动力缺乏和价格上升，茶叶生产成本提高，许多生产单位配置了一定的修剪机械，通过推广试用证明，使用修剪机械具有工效高、质量好、成本低的特点，在今后的生产中，修剪机将会更加广泛地被推广应用。

修剪机种类依修剪目的、操作形式、工作原理、使用动力、刀片形状等可以有以下几种不同的分法。

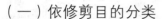

（一）依修剪目的分类

从茶树树冠面到茶丛基部，枝干越来越粗，剪切面积越来越大，根据剪切的对象变化和所要达修剪作业的目的，修剪机可分为轻修剪机、深修剪机、重修剪机、台刈机、修边机。

轻修剪机与深修剪机结构基本相同，不同的只是轻修剪机刀齿细长，汽油机功率较小；深修剪机刀齿宽而短，汽油机功率较大。

重修剪机切割的枝条较粗，因此，刀齿较宽、较厚，汽油机的功率也大，且机身重，增加了行走轮，机器的两端设有刀片高度调节杆，以适应不同修剪高度要求。

台刈机切割枝条最粗，汽油机功率最大，铝片是圆盘形，根据切割对象的粗细程度可选配一定直径和齿数的回盘锯片，用于衰老茶树台刈改造时，应选用80齿以上齿数（齿距5~10mm）的锯片，小齿锯片切割粗老树干切口平整，作业轻快，效率较高。

修边机用于茶行边缘的修剪，使茶行间能有良好的通风透光效果，操作时都由单人使用，无风机，配用汽油机功率较小，其切割刀片与深修剪机相同，因此，也可用作轻修剪、深修剪及其他修剪程度较轻的作业。

（二）依操作形式分类

各地茶园所处地形地势差异较大，修剪目的各有不同，依修剪机的操作形式可将修剪机分为单人操作和双人操作两种类型。

单人修剪机由1人操作使用，机器轻便，动力机使用0.59kW的小汽油机，整机重6kg。因单人修剪机的汽油机使用膜片式汽化器，油箱内的吸油管为软管形式，吸油口在任何情况均可处于油箱内的最下部，保证发动机在任何角度下都能正常工作，操作自如，使用灵活，可高低左右进行修剪，适用坡地、梯地和小地块，不规则行距茶园，特别适用于山区小块茶园的使用。单人修剪机的工作效率是0.02hm²/h，与人工比较，修剪效率是人工的10倍。

双人修剪机比单人修剪机多设吹叶风机，动力机使用0.73~1.47kW汽油机，机重13~17kg，切割器有平形和弧形两种，修剪工效高，工效为0.13hm²/h，每日可修剪1.07hm²左右，适应于平地、经坡茶园和规模经管茶园。双人修剪机的劳动强度低，工作效率约为人工的25倍，为单人修剪机的5倍。

（三）依修剪机剪切方式分类

根据各种修剪的需要，修剪机的切割形式有往复切割式和圆盘旋转式，一般的轻修剪，深修剪，重修剪机锯片都采用往复切割式的工作形式，台刈机因切割对象较粗大，采用的是圆盘旋转式进行割锯。

（四）依使用动力分类

修剪机配置的动力分为机动和电动。机动指配以小汽油机作为动力，这种动力生产上使用最广泛，轻便、灵活、功率大、作业效率高，但对其保养要求也高。电动有小型

汽油发电机与蓄电瓶两种，工作时，将汽油发电机或固定式蓄电瓶置于地头，通过电线连通修剪机，使用时，噪声小，振动小，维护简便，寿命长，但功率低，固定式电源作业时要拖一根长电线，移动不方便，若用背负式蓄电瓶，使用较方便，振动也小，但功率小，连续作业时间短。

（五）依修剪后树冠形状分类

不同类型的修剪及维持树冠面的形状，在不同地区有不同的习惯要求，为适应这些要求，修剪机有平形修剪机和弧形修剪机，单人手提式修剪机均为平形修剪机，其他类型修剪机有平形与弧形两种刀片，以满足不同修剪目的的需要。

第三节　茶树树冠综合维护技术

一、茶树修剪后的培肥管理

修剪对茶树来说是一种创伤，茶树伤口的愈合和新梢的萌发生长，在很大程度上有赖于树体内贮藏的营养物质，特别是根部贮藏的养分。根部贮藏的养分多，剪后茶树恢复快。合理的肥水管理是保证茶树剪后树势恢复和高产优质的重要条件，如在缺肥少管的条件下修剪，茶树养分消耗加速，反而会加快树势的衰败，达不到改树复壮的目的。所以，生产实践中有"无肥不改树"的说法。为了保证茶树根部有足够的养分供应，修剪前应施入较多的有机肥和复合肥，一般农家有机肥的施用量$30000 \sim 45000kg/hm^2$，复合肥$450 \sim 600kg/hm^2$；修剪后待新梢萌发时，及时追肥。只有这样才能促使新梢旺盛生长，充分发挥修剪的效果。

二、茶树冠面叶片的留养与采摘

幼龄茶树骨干枝和树冠骨架的形成主要依靠定型修剪，定型修剪的茶树在采摘技术上要应用分批留叶采摘法，要多留少采，做到以养为主，采摘为辅，实行打顶轻采。只顾眼前利益，不适当的早采和强采会造成枝条细弱，树势早衰，束缚了树体的扩张，这类茶树即使到了壮年期，由于树冠狭小，产量始终较低，无法形成高产优质树冠。

经深修剪的茶树，要视修剪程度注意留养，一般要留养1～2个茶季后进入打顶轻采，待重新培养成采摘面后方可正式投产；重修剪和台刈更新的茶树，新梢生长比较旺盛，叶片大，节间长，芽叶粗壮，对培养再生树冠十分有利，早期应以留养为主，并进行定型修剪，切忌为追求眼前利益进行不合理的早采或强采，从而影响修剪的效果。

三、修剪茶树的保护

不同程度修剪后，茶树抽生的芽叶生长势强，生长量大，嫩度好，易受各种自然灾害的危害，此时，要尽可能避免或减轻各种灾害性因子对茶树的干扰、损伤或破坏，确保茶树的正常生育，对于灾害性天气的影响，不同时期和不同茶区的茶树保护工作的重点会有所不同，如江北茶区和江南的高山茶区应特别做好寒冻害的防御，江南茶区春季和夏初要注意做好山地茶园的水土保持工作，夏季防高温干旱的伤害，秋防旱热害。

病虫害的防治对全国各茶区均很重要，是一个经常性工作，修剪后的茶树，枝叶繁茂，芽梢持嫩性强，为病虫滋生提供了鲜嫩的食料，极易发生病虫危害，所以修剪后应十分重视病虫防治，一些被剪下的病虫危害枝叶及时给予处理，修剪的同时应清除茶丛内外枯枝落叶和杂草。除去病虫害寄生和害虫越冬场所，周围未改造茶树亦应加强病虫害防治，以免漫延感染改造后的茶树。原来病害较重的，此时，可对茶丛根茎部周围进行石硫合剂的喷施，以确保复壮树冠枝繁叶茂，老茶树往往有病虫和低等植物寄生，一些枝干上的病虫害很不容易清除，在行修剪更新时应剪去被害严重的枝条。

茶园管理工作还有许多，除了上述施肥、留养、病虫防治等管理措施外，其他茶园农业生产措施也应积极配合运用，如铺草、灌溉、耕作等，只有将这些综合农业生产措施合理地加以运用，才能使茶园改造获最佳效果。

思考题

1. 简述优质高产型茶树树冠的构成要素。
2. 利用修剪措施培养树冠的方法和程序主要是哪三种方式？请简要阐述。
3. 试述茶树的定型修剪。
4. 茶树树冠的综合维护技术有哪些？

参考文献

［1］骆耀平. 茶树栽培学［M］. 北京：中国农业出版社，2008，05.

［2］孙勇，代泽刚. 茶树栽培及茶园管理技术的研究动态与发展趋势探讨［J］. 中国农业文摘·农业工程，2016（4）：49.

［3］陈菲. 茶树栽培及茶园管理技术的研究动态与发展趋势［J］. 农业与技术，2012，32（2）：96.

第七章　茶园安全生产

茶园安全生产一方面是茶树能在自然环境中很好地生长，少受不良气候环境的破坏，产出质优量高的鲜叶原料；另一方面，生产的鲜叶原料对人体健康不会带来不利的影响，这是茶叶生产单位对产品质量最基本的要求，必须严格加强这方面的管理。本章论述茶园气象灾害与防护、无公害茶园的安全生产、有机茶园的安全生产三个环节。对了解茶园安全生产的背景、掌握其防御及生产技术对促进茶叶生产有着重要意义。

第一节　茶园气象灾害与防护

中国茶区分布广阔，气候复杂，茶树易受到寒冻、旱热、水湿、冰雹及强风等气象灾害，轻则影响茶树生长。重则使茶树死亡。因此，了解茶树受害状况，分析受害原因，提出防御措施。进行灾后补救，使其对茶叶生产造成的损失降低到最低程度，是茶树栽培过程中不可忽视的重要问题。

一、茶树寒害、冻害及其防护

寒害是指茶树在其生育期间遇到反常的低温而遭受的灾害，温度一般在零度以上。如春季的寒潮，秋季的寒露风等，往往使茶萌芽期推迟，生长缓慢。冻害是指低空温度或土壤温度短时期降至0 ℃以下，使茶树遭受伤害。茶树受冻害后，往往生机受到影响，产量下降，成叶边缘变褐，叶片呈紫褐色，嫩叶出现"麻点""麻头"。用这样的鲜叶制得的成茶滋味、香气均受影响。

（一）茶园寒、冻害的类型

茶树常见的茶园寒、冻害有冰冻、风冻、雪冻及霜冻四种。长江以南产茶区以霜冻和雪冻为主，长江以北产茶区四种冻害均有发生。

1. 冰冻

持续低阴雨、大地结冰造成冰冻，茶农称为"小雨冻"。由于茶树处于零度以下的低温，组织内出现冰核而受害。开始时树冠上的嫩叶和新梢顶端容易发生危害，受害1、2天后叶片变为赤褐色。

在晴天，发生土壤冻结时，冻土层的水形成柱状冰，体积膨大，将幼苗连根抬起。解冻后。茶苗倒伏地面，根部松动，细根被拉断而干枯死亡，对定植苗威胁很大，所以有发生冻土的茶区不宜在秋季移植。

2. 风冻

是在强大寒潮的袭击下，气温急剧下降而产生的冷。加上4~5级以上的干冷西北风，使茶树体内水分蒸发迅速，水分失去平衡，最初叶片呈青白色而干枯，继而变为黄褐色。寒风和干旱能加深冻害程度，故有"茶树不怕冻就怕风"之说。

3. 雪冻

大雪纷飞，树冠积雪压枝，如果树冠上堆雪过厚，会使茶枝断裂，尤其是雪后随即升温融化。融雪吸收了树体和土壤中的热量，若再遇低温，地表和叶面都可结成冰壳。形成覆雪→融化→结冰→解冻→再结冰的雪冻灾害。其特点是上部树冠和向阳的茶树叶片、枝梢受害加剧。积雪也有保温作用，较重冻害发生时，有积雪比无积雪的冻害程度会轻，积雪起到保护茶树免受深度冻害。

4. 霜冻

在日平均气温为零度以上时期内。夜间地面或茶树表面的温度急剧下降到零度以下，叶面上结霜，引起茶树受害或局部死亡，称之霜冻。霜冻有"白霜"和"黑霜"之分。气温降到零度左右，近地面空气层中的水汽在物体表面凝结成一种白色小冰晶，称为"白霜"，有时由于空气中水汽不足，未能形成"白霜"，这样的低温所造成的无"白霜"冷冻现象，叫作"暗霜"或"黑霜"。这种无形的黑霜会破坏茶树组织，其危害往往比"白霜"重。根据霜冻出现时期，可分为初霜与晚霜，一般晚霜危害比初霜严重。通常在长江中下游茶区一带，晚霜多出现在3月中下旬，这时，茶芽开始萌发。外界气温骤然降至低于茶芽生育阶段所需的最低限度，造成嫩芽细胞因冰核的挤压，生机停滞，有时还招致局部细胞萎缩，芽褐变死亡。轻者也产生所谓"麻点"现象，芽叶焦灼，造成少数腋芽或顶芽在短期内停止萌发，春茶芽瘦而稀。

（二）寒、冻害症状

茶树不同器官的抗寒能力是不同的，就叶、茎、根各器官而言，其抗寒能力是依次递增的，受冻过程往往表现为顶部枝叶首先受害，幼叶受冻是自叶尖、叶缘开始蔓延至中部。成叶失去光泽、卷缩、焦枯，一碰就掉，一捻就碎，雨天吸水，由卷缩而伸展，叶片吸水成肿胀状。进而发展到茎部，枝梢干枯，幼苗主干基部树皮开裂，只有在极度严寒的情况下，根部才受害枯死。

（三）寒害的影响因素

品种、树龄、种植密度和管理水平，以及地势、地形、坡向、海拔高度和气象条件等综合影响受冻程度。

1. 不同茶树品种抗寒能力不同

萌芽期早的茶树品种往往易受冻。北部茶区的茶树品种，叶小，叶色深，叶肉厚，保护组织发达，抗冻能力较强，不易受冻；而南部茶区的茶树品种叶大，叶色浅，叶肉薄，易受低温危害。如云南大叶种通常在出现-5℃低温时，即会受冻，中小叶种茶树的抗寒能力较强，在低温持续时间不长的情况下，能耐-15℃左右的低温。

2. 不同树龄茶树受寒冻程度的轻重有差异

随树龄的增加，抗寒能力也逐步增强，而衰老茶树抗寒能力则下降。

3. 与种植密度和管理水平有关

通常种植密度大的比种植密度稀的受冻轻；管理水平高的茶园较管理水平低的茶园受冻轻。

4. 寒冻害与地理条件有关

当寒流侵袭伴随大风时，茶树易受冻。而且迎风（北坡）茶树受冻最重；低洼盆地、洼地，冷空气易沉积，茶树受冻最重；山坡地中部，空气流动通畅，茶树受冻轻；山顶上茶树受冻较重。因此在选择园地时，应尽量避免上述不利地形。冬季北坡茶园较南坡茶园受冻重；早春茶芽易受"倒春寒"的低温袭击。土壤干燥疏松的茶园比土壤潮湿的茶园受冻重。施肥管水平高的茶园，茶树生长健壮，抗逆性强，不易受冻。

5. 寒冻害与纬度、海拔有关

随纬度或海拔的增高，茶树越冬期的绝对低温、负积温总值、低温持续时间逐步增加，因此在高纬度、高海拔地区条件下的茶树容易受冻。

6. 气象条件对茶树寒冻害的影响

持续低温，茶树易受害。进入越冬期，温度急剧下降，缺乏抗寒锻炼，青枝嫩叶易受冻害。早春气温回升。茶芽相继萌发，易遭受晚霜危害。干旱加重寒冻害的发生。

（四）茶树寒、冻害的防护

经常性的寒冻害对茶叶的产量、品质有很大的影响，因此，对新建茶园而言，应充分考虑这一因素对茶叶生产的影响。已建茶园则在原来的基础上改善环境、运用合理的防护技术，降低寒冻害影响所造成的损失。

1. 新建茶园寒、冻害的防护

（1）地形选择。寒、冻害严重的地方，茶园选地时要充分考虑到有利于茶树越冬。园地应设置在朝南、背风、向阳的山腰上。山地茶园最好就坡而建，因为坡地温度一般比平地高2℃左右，而谷地温度比平地要低2℃左右，谷地茶园两旁尽量保留原有林木植被。在易受冻害的地带，最好布置成宽幅带状茶园，使茶园与原有林带或人工防风林带相间而植，林带方向应垂直于冬季寒风方向，以减少寒风的危害。

（2）选用抗寒良种。这是解决茶树受冻的根本途径。我国南部茶区栽培的大叶种茶树抗寒力较弱，而北部茶区栽培的中小叶种茶树抗寒力较强，即使同是中小叶种，品种间抗寒能力也不尽一致。一般来说，高寒地区引种应选择从纬度较北或海拔较高的地方引入。

（3）深垦施肥。种植前深垦施基肥，能提高土壤肥力，改良土壤，提高地温，培育健壮树势。

（4）营造防护林带。保留生态茶园附近原有部分林木，绿化道路，营造防护林带，以便阻挡寒流袭击并扩大背风面，改善茶园小气候。

2. 现有茶园、冻害的防御措施

合理运用各项茶园培育管理技术，促进茶树健壮成长，可以提高茶树抗寒能力。

（1）茶园寒冻害防护培管措施

深耕培土。合理深耕，排除湿害，以增强抗寒力。培土可以保温，也有利减少土壤蒸发，保存根部的土壤水分，因而有防冻作用。

冬季覆盖。覆盖有防风、保温和遮光三个功效。在常年冻害来临之前，用稻草或野草覆盖茶丛，但要防止覆盖过厚，开春后要及时掀除。茶园铺草或蓬面盖草的防冻效果是极其显著的，此法在我国各茶区应用较为普遍。

茶园施肥。茶园施肥做到"早施重施基肥，前促后控分次追肥"。基肥应以有机肥为主，适当配用磷钾肥，做到早施、重施、深施。"前促后控"是指春夏茶前追肥可在茶芽萌动时施，促进茶树生长，秋季追肥应控制在"立秋"前后结束，不能过迟，否则秋梢生长期长，起不到后控作用，对茶树越冬不利。

茶园灌溉。灌足越冬水，行间铺草，是有效的抗冬旱防冻技术。在晚间或霜冻发生前的夜间进行灌溉，其防霜作用连续保持2～3夜。

修剪和采摘。在高山或严寒茶园的树型以培养低矮茶蓬为宜，采用低位修剪，并适当控制修剪程度，增厚树冠绿叶层，这样可减轻寒风的袭击。一般茶区，修剪时间应于茶树接近休眠期的初霜前进行。过早，剪后若再遇气温回暖，引起新芽萌动。随后骤寒受冻。过迟，低温影响，修剪后剪口愈合、新芽孕育不利。茶叶采摘，做到"合理采摘，适时封园"，可以减轻茶树冻害。如果秋茶采摘过迟，消耗养分量多，树体易受冻害。幼年茶树采摘要注意最后一次打顶轻采的时期，使之采后至越冬前不再抽发新芽为宜。

（2）防寒、防冻的其他方法

各地都有许多不同的寒冻害防护经验，因地制宜地利用物理方法采取不同的措施，有的也在探讨利用外源药物的方法对寒冻害发生加以防护。茶寒冻害发生时采用的物理方法主要有熏烟法、屏障法、喷水法、防霜风扇法等。生产实际中，茶园寒、冻害发生时较少运用外源药物的方法进行防护。

（五）冻害后的补救措施

茶树一旦遭受冻害，必须采取相应的救护和复壮措施，使冻害的经济损失降低到最低限度，并及时恢复茶树生机。

1. 及时修剪茶树

受冻后，部分枝叶失去生活力，必须进行修剪，使之发新枝，培养骨架和采摘面。按茶树受害程度分别对待，原则上将受冻部分剪去即可，为使切口处芽（或潜伏芽）能较好地萌发，修剪部位在分枝的1～2cm处较好。修剪时期以早春气温稳定回升后为妥，过早修剪，易遭"倒寒"袭击而再次受冻。

2. 浅耕施肥

解冻后，进行早春浅耕施肥，对于提高地温，培养地力起着重大作用。除追施速效氮肥，促进茶芽萌发和新梢生育，也可施用一些矿质磷、钾肥，增强枝条生长能力，促进夏茶生长。

3. 培养树冠

受冻害后，导致枝叶焦枯脱落，叶面积显著减小，故在采摘方法上必须加强留叶养

梢，多批多次采摘法，过轻修剪的茶树，春茶采摘时应留一片大叶，夏、秋茶则按常规采；经过重修剪或台刈的茶树，则以养为主。

二、茶树旱、热害及其防护

茶树因水分不足，生育受到抑制或死亡，称为旱害，当温度上升到茶树本身所能忍受的临界高温时，茶树不能正常生育，产量下降甚至死亡，谓之热害。由于降雨量的分布不均匀，在长江中下游茶区，每年的7～8月间，气温较高，日照强，空气湿度小，往往发生夏旱、秋旱、伏旱和热害，严重地威胁着茶树生长。当日平均气温30℃以上，最高气温35℃以上，相对湿度60%以下，当土壤水势为-0.8MPa，土壤相对持水量35%以下时，茶树生育就受到抑制，如果这种条件持续8~10天，茶树就将受害。

（一）旱、热害的症状

茶树遭受旱热危害，树冠丛面叶片首先受害。先是越冬老叶或春梢的成叶出现焦斑，直至整叶枯焦、叶片内卷直至自行脱落。嫩梢萎蔫，生育无力，幼芽嫩叶短小轻薄，卷缩弯曲，色枯黄，芽焦脆，幼叶易脱落，大量出现对夹叶，茶树发芽轮次减少。随着高温旱情的延续，植株受害程度不断加深、扩大，直至植株干枯死亡。

热害是旱害的一种特殊表现形式，危害时间短，一般只有几天，就能很快使株枝叶产生不同程度的灼伤干枯。茶苗受害是自顶部向下干枯，茎脆，轻折易断，根部逐渐枯死，根表皮与木质部之间成褐色，若根部还没死，遇降雨或灌溉又会从根茎处抽发新芽。

（二）旱、热害的防护

防御茶树旱、热害的根本措施在于选育抗逆性强的茶树品种，加强茶园管理，改善和控制环境条件，密切注意干旱季节旱情的发生与发展。

1. 选育较强抗旱性的茶树品种

选育较强抗旱性的茶树品种是提高茶树抗旱能力的根本途径。茶树扎根深度影响无性系的抗旱性，根浅的对干旱敏感，根深的则较耐旱。耐旱品种叶片上表皮蜡质含量高于易旱品种。

2. 合理密植

合理密植，能合理利用土地，协调茶树个体对土壤养分、光能的利用。密植园群体结构合理，能迅速形成覆盖度较大的蓬面，从而减少土壤水分蒸发，防止雨水直接淋溶、冲击表土，有效防止水土流失。对多条密茶园应加强土壤水分管理，更应注意旱季补水。

3. 建立灌溉系统

茶园灌溉是防御旱热害最直接有效的措施，有条件的可以建立灌溉系统。旱象一露头就应进行灌溉浇水，并务必灌足浇透，倘若只是表面浇湿，不但收不到效果，反而会引起死苗。旱情严重时，还应连续浇灌，不可中断。各地根据自身条件，可采用喷灌、

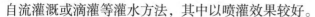

自流灌溉或滴灌等灌水方法，其中以喷灌效果较好。

4. 浅锄保水

及时锄草松土，行间可用工具浅耕浅锄，茶苗周围杂草宜用手拔，做到除早除小，可直接减少水分蒸发，保持土壤含水量。但要注意旱季晴天浅耕除草会加重旱害，宜在雨后进行。

5. 遮阴培土

铺草覆盖、插枝遮阴、根部培土，可降低热辐射，减少水分蒸腾与蒸发。培土应从茶苗50cm以外的行间挖取，培厚6~7cm，宽15~20cm。据调查，对一年生幼龄茶园进行铺草覆盖，茶树受害率要比没有铺草的降低23%~40%。

6. 追施粪肥

结合中耕除草，在幼年茶树旁边开6~7cm深的沟浇施稀薄人畜粪尿，既可壮苗，增强茶苗抗旱能力，又可减轻土壤板结，促进还潮保湿作用。

7. 喷施维生素C

用适当度的维生素C对茶树叶面喷射，可以诱导和提高茶树的抗旱性。

三、茶树湿害及其防护

茶树是喜湿怕淹的作物，在排水不良或地下水位过高的茶园中，常常可以看到茶园连片生育不良，产量很低，虽经多次树冠改造及提高施肥水平，均难以改变茶的低产面貌，甚至逐渐死亡，造成空缺，这是茶土壤的湿害。湿害会导致茶树根系分布浅，吸收根少，生活力差，到旱季，水一旦退去，反而加剧旱害。

（一）湿害的症状

茶树湿害的主要症状是分枝少、芽叶稀，生长缓慢以至停止生长，枝条灰白，叶色转黄，树势矮小多病，有的逐渐枯死，茶叶产量极低。

湿害发生时，细根开始腐烂，粗根内部变黑，枯死。由于地下部的受害，丧失吸收能力，而渐渐影响地上部的生长，先是嫩叶失去光泽显黄。进而芽尖低垂萎缩。成叶的反应比嫩叶迟钝，表现于叶色失去光泽而枯萎脱落。湿害茶园，将茶树拔起检查，很少有细根，粗根表皮略呈黑色。由于受害的地下部症状不易被人们发现，等到地上部显出受害症状时，几乎不可挽救了。

（二）湿害的排除

由于湿害多发生在土地平整时人为填平的池塘、洼地处，或耕作层下有不透水层，山麓或山坳的茶园积水地带。

在建园时土层80cm内有不透水层，宜在开垦时予以破坏以保持1m土层内无积水。完善排水沟系统是防止积水的重要手段，对地形低洼的茶园，应多开横排水沟。具体方法是：每5、8行茶树开一条暗沟，沟底宽10~20cm，沟深60~80cm，并通达纵排水沟，沟底填块石，上铺碎石、沙砾。

　　总之，茶园灾害性气象除了寒、冻害、旱、热害、湿害主要几种危害外，还有风害、雹害等。对于这些自然灾害的防控，各地都有许多好的经验。实践证明，为了保护茶园土壤和茶树、改善局部小气候，应营造防风林、设置风障来降低风力、防止风害的发生。营造防护林带可减少寒、冻、水、旱、热、风、雹等自然灾害的发生，是一项治本的措施。林木可涵养水源、保持水土，调节气温、减少垂直上升气流的发生，避免大风与冰雹的形成。

第二节　无公害茶园的安全生产

　　实现茶园的安全生产，是获得无公害茶的根本保证。清楚地了解无公害茶的卫生指标要求，并对现有茶园可能产生有害原因进行分析，生产与建设过程中，控制不利于无公害生产的因素引入到茶园中，从而达到安全茶产品质量生产的目的。

一、无公害茶产品质量与生产技术要求

　　无公害茶产品的基本要求是安全、卫生，对消费者的身心健康无危害，无公害茶叶生产的中心内容是不用或减少使用化学农药、肥料，从源头上减少茶叶中农药残留，以及生产对环境带来的污染。

（一）无公害产品质量要求

　　农业部于2004年1月发布了《无公害食品茶叶》的农业行业标准，并于2004年3月始实施。标准对无公害茶产品质量要求做了如下规定。

1. 感观指标

　　产品应具有该茶类正常的商品外形及固有的色、香、味，无异味，无劣变。产品洁净，不得混有非茶类夹杂物。产品不着色，不得添加任何人工合成的化学物质。

2. 理化和安全指标

　　无公害茶应符合无公害食品茶叶的理化指标和安全指标要求。

（二）无公害茶园生产技术要求

　　要获得符合质量的无公害茶生产，必须严格按生产技术要求进行规范，只有在各环节都做好了才能使茶叶的产品质量符合这类茶的标准要求。无公害茶在生产过程中有许多具体的技术要求，它包括产地环境和生产措施合理运用。

1. 无公害茶的产地环境要求

　　无公害茶的产地要求生态条件良好，远离污染源，土壤、空气、灌溉水的质量都应符合标准NY 5020中规定的要求。2001年农业部发布的《无公害食品，茶叶产地环境》，2002年发布的《有机茶产地环境》，2003年发布的《绿色食品，产地环境技术条件》都对产地的土壤、大气和灌溉水源作了若干规定。

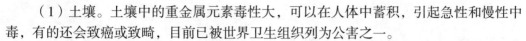

（1）土壤。土壤中的重金属元素毒性大，可以在人体中蓄积，引起急性和慢性中毒，有的还会致癌或致畸，目前已被世界卫生组织列为公害之一。

我国广大茶区的土壤，一般都能达到无公害茶的生产标准，但一些离城市较近的近郊茶园，公路主干道附近的茶园及离矿区较近的矿区茶园，会有在部分指标上超标的可能，因此在建设无公害茶园时应多加注意园地的选择和茶园保护。

（2）大气。无公害茶园上空和周边的空气要清洁、无污染，没有异味，在不同的标准中对总的悬浮粒物、二氧化硫、二氧化氮及氟化物气体含量提出了一定的要求。茶园选择在远离城市、远离工厂、远离居民点、远离公路主干道的山区或半山区，可有效地防止城市垃圾、废气、尘土、汽车尾气及过多人群活动给茶园带来污染。

（3）灌溉水源。茶树年耗水量大，适宜生长在年降雨量达1500mm左右地区，生长季节占年总耗水量的70%以上。随着设施农业的发展，采用不同形式的灌溉是无公害茶叶生产的发展方向。灌溉用水水质要清洁卫生，没有污染。

2. 生产措施合理

茶园的土壤管理，病、虫、草害防治等生产措施的运用合理与否，对茶叶生产的安全性会带来较大影响。

土壤管理。无公害茶园的土壤管理具体应定期监测土壤肥力水平和重金属元素含量，一般要求每2年检测一次，并有针对性地采取土壤改良措施。肥料宜多施有机肥料，化肥与有机肥料配合使用，避免单纯使用化学肥料；每年必须施基肥和追肥，保持有足够数量的有机肥返回土壤，不断补充茶树所需的营养元素。有机肥必须经过堆制腐熟、高温发酵，达到无害化处理要求。幼龄茶园、改造茶园，适时种植绿肥是无公害茶园主要肥料来源之一。茶季喷施无机叶面肥，需10天后才能采茶；喷有机叶面肥需20天后采茶。

病虫草害控制。保持茶生态系统的平衡和生物群落多样性，增强茶园自然生态调控能力；选育抗病虫品种；茶园耕作、铺草、排灌、修剪、施肥、采摘等多种措施的合理运用；秋末宜结合施基肥，进行茶园深耕，减少翌年在土壤中越冬的鳞翅目和象甲类害虫的种群密度；将茶园根际附近的落叶及表土清理至行间深埋，有效防治叶病类和在表土中越冬的害虫等等。

采用物理、生物防治方法，减少化学药剂使用。物理防治，目前在茶园中应用较多的有频振式诱虫灯，它是利用昆虫的趋性（趋光性和趋化性）或害虫种群自身间的化学信息联系引诱并杀死害虫的方法。生物防治是指用食虫昆虫、寄生昆虫、病原微生物或其他生物天敌来控制病虫草害的发生。合理使用植物源和矿物源农药，有限地使用高效、低毒、低残留农药。植物源农药就是来源于植物或植物提取物对病虫有生物活性的物质，目前常见的植物源农药有苦参碱、鱼藤酮、除虫菊、印楝素等。

二、无公害茶园污染源的控制

茶叶中的污染物质，一部分来自茶园土壤、水体和大气等自然环境，另一部分则来自农药、肥料、机械等生产资料投入、要控制和消除茶叶污染，实现茶叶生产无公害

化，必须实行综合治理。

（一）大气污染的防治与控制

茶区大气污染主要是固体颗粒和汽车尾气，可以通过种植防护林和行道树将茶园与工厂和公路隔离开来以净化空气，对茶园周围的工厂要加高烟囱排烟，因为烟囱越高越有利于烟气的扩散和稀释，所以提高烟囱高度是减轻烟囱排烟造成地面大气污染的有效措施。

（二）茶园土壤污染治理

土壤污染的治理方法有生物、物理或化学等不同方法，从土壤中去除重金属。利用特殊植物吸收后再连根拔起，或用工程技术方法将重金属转变为可溶态、游离态，再经淋洗，收集淋洗液中的重金属，从而达到减少土壤中重金属含量的目的。具体措施有：

1. 生物措施

利用土壤生物和微生物对重金属的吸收、沉淀、氧化和还原作用，降低或消除重金属的污染。

2. 农业工程措施

这主要是利用改良剂对土壤重金属的沉淀作用、吸附抑制作用和拮抗作用，以降低重金属的扩散性和生物有效性。

（1）增施促还原的有机肥。胡敏酸、堆肥、鸡粪等有促进还原作用，使重金属生成硫化物沉淀，可增加土壤胶体，从而促进重金属吸附、螯合、络合能力，有利于改善土壤物理性质。

（2）合理施用磷酸盐化肥。磷酸盐使重金属Cd、Hg等生成磷酸盐沉淀。酸性土壤施碱性的钙、镁、磷肥优于其他磷肥。石灰性土壤有效磷易被尚定，以使用KH_2PO_4较好。

（3）适当施用石灰性物质。包括石灰、硅酸钙炉渣、钢渣、煤灰等碱性物质或配施钙、镁、磷肥、硅肥等碱性肥料。施用石灰也能降低茶树对氟的吸收。

（4）施用石硫合剂、硫化钠等物质。使土壤重金属生成硫化物沉淀。

（5）加抑制剂、吸附剂。膨润土、合成沸石等硅铝酸盐能钝化重金属，国外有人用此法沉淀Cd污染土壤，有一定成效。

（6）利用无毒阳离子拮抗重金属。Ca^{2+}、Mg^{2+}、Zn^{2+}是植物必需元素。

（7）翻耕或客土或换土。翻耕是将污染重的表层至下层，客土是在污染土壤上加入净土。换土是将已污染土壤移去，换上新土。

（三）茶叶中的农药残留控制

病虫草害的化学防治是茶叶农残的主要来源，但它又是当前茶树植保上运用的主要手段。因此降低农残的关键在于控污染源，即合理科学地进行病虫害防治，尤其是病虫草害的化学防治。对已受农药污染的土壤和茶树，采取的办法有：①用微生物降解。在厌氧条件下滴滴涕能迅速分解，把土壤漫灌作为消除滴滴涕残留物污染的一种手段，

②利用添加剂减少土壤中农药残留。③种植吸附性强的植物。将土壤中农药残留吸收富集，再对植物进行处理。⑥应用紫外线的光解作用。

（四）化肥和有害微生物等的污染控制

针对化肥使用带来的污染，要严格选择使用的肥料种类，避免将含有存在污染的化学肥料施入茶园。强调无机与有机肥的结合使用，按平衡施肥的原则确定无机肥的施用量，掌握合适的肥料施用时间，有效地控制无机肥料可能对当地环境造成的不利影响。

茶叶生产过程的各环节所用材料、器具都要按照食品生产场所的卫生要求，改善茶叶生产场所的基本环境卫生条件与机具的卫生质量，建立与健全对从业人员健康、清洁厂房与机具，严格厂房卫生管理制度，以防止和杜绝有害微生物污染茶叶。

第三节 有机茶园的安全生产

一、有机茶产品质量要求与基地选择

有机茶对产品质量要求最高，因此，对基地选择的要求也高。环境条件优越的茶叶生产基地是生产优质产品的基础，尤其是现阶段一些有机茶生产调控措施还未能有效解决出现的问题，基地的选择显得更为重要。

（一）有机茶产品质量要求

2002年7月，农业部发布了有机茶的农业行业标准（NY5196-2002），并于2002年9月开始实施。在这一标准中对有机茶产品质量的基本要求、感观品质、理化品质、卫生指标、包装净含量允差都做了具体的规定。

1. 基本要求

产品具有各类茶叶的自然品质特征。品质纯正，无劣变、无异味，产品洁净，且在包装、贮藏、运输和销售过程中不受污染。不着色，不添加人工合成的化学物质和香味物质。

2. 感官品质

各类有机茶的感官品质应符合本级实物标样品品质特征或产品实际执行的相应常规产品的国家标准、行业标准、地方标准、企业标准规定的品质要求。

3. 理化品质

各类有机茶的理化品质符合产品实际执行的相应常规产品的国家标准、行业标准、地方标准或企业标准的规定。

4. 卫生指标

有机茶的卫生指标应符合中华人民共和国农业部标准《有机茶》（NY5916-2002）中规定的要求。

（二）有机茶基地选择

选作有机茶生产的基地，必须空气清新、水质纯净、土壤未受污染、土质肥沃、茶种优良、周围林木繁茂。有机茶与交通干线的距离在1000m以上。茶园水土保持良好，生物多样性指数高，具有较强的可持续生产能力。有机茶园周围不能有大气污染源，地表水、地下水的水质清洁无污染，基地上游无污染源，生产、生活用水符合有机食品的水质量标准，周围没有金属或非金属矿山或农药的污染，土壤肥力较高，质地良好。

有机食品生产中所用种子和苗木应来自有机农业生产系统，禁止使用基因工程繁育的种子或苗木。已经建成的非有机茶园经转换而成为有机茶生产，应选择已有的抗逆力强（即抗病虫、抗寒冷、抗干旱等）、生长势好的茶树品种，这对之后的生产管理十分有利。

二、有机茶园的土壤管理与茶施肥

有机茶的土壤管理和施肥，必须符合有机农业生产的要求，它与其他无公害茶园相比管理要求高。即在不施用化学肥料的情况下，仍能满足茶树生长的需要，使生产得以可持续发展，这是人们努力解决的问题。

（一）有机茶园的土壤管理

生产有机茶不仅要选择自然肥力高的土壤，而且在生产过程中尽可能依靠加强土壤管理来保持和提高土壤肥力。保证茶树生长营养的需要。土壤管理的主要内容包括了土壤覆盖、水土保持、耕作除草、疏松与培养土层等等。

1. 茶园行间铺草覆盖

茶园行间铺草可以减缓地表径流的速度，促使雨水向土层深处渗透，防止地表水上流失，增加土层蓄水量，抑制杂草生长，有利土壤生物繁殖，增加土壤有机质含量，提高土壤肥力。幼龄茶园提倡间种绿肥；生产茶园实行行间用秸秆、草料、厩肥等有机物覆盖或埋入土中，以增强土地有机质和生物活性。

2. 精耕细作，勤除杂草

一般，春茶开采前要进行一次浅耕除草（约10cm），清除越冬杂草。春茶结束后浅耕削草，可疏松被采茶踏实的表土，同时可推迟夏草生长。6月份，在长江中下游广大地区正是梅雨季节，杂草生长快，一般在梅雨结束，要进行一次浅耕除草。8～9月份是秋草生长、开花结籽时期，这时除草对防止第二年杂草生长有重要意义，要抓紧进行。除草要选择晴朗的天气进行，把杂草晒干，使它失去再生能力，同时也可起到杀虫消毒作用。经过暴晒后的杂草翻作肥料，以提高土壤肥力。

3. 茶园蚯蚓饲养

蚯蚓能吞食茶园枯枝烂叶和未腐解的有机肥料变成粪便，促进土壤有机物的腐化分解，加速有效养分的释放，提高土壤肥力。蚯蚓在土壤中的活动，疏松土壤，增加土壤的孔隙度，有利茶根的生长。蚯蚓躯体还是含氮很高的动物性蛋白，在土壤中死亡腐烂，是很好的有机肥料。茶园饲养蚯蚓优点很多，如能克服茶园土壤贫瘠、干燥等不利影响因素，实现生产应用性养殖，则对有机茶生产的土壤管理是十分有效的措施。

（二）有机茶园的施肥

一般的施肥方法与非有机茶相同，由于在有机茶生产中肥料种类有很大的限制。为了确保有机茶生产的高产优质，有机茶园的肥料施用要特别重视绿肥的种植利用与有机肥的无害化处理。

1. 有机茶园的绿肥

种植如间作豆科植物，一方面可防止茶园水土流失，改善生态条件，另一方面可生产一定量的有机肥。一、二年生幼龄茶园和改造茶园可选择种植的绿肥品种较多，可以是高大的牧草，也以是豆科作物，通过管理好绿肥，同时管理好茶园，既不妨碍茶树生长，又有利于水土保持。可充分利用茶园周边地块进行有机肥的生产，通过经常性的刈割，获得较高产量的有机物，还可通过增加新的循环，延伸产业链。

2. 有机肥料的无害化处理

有机肥要经过无害化处理，商品有机肥要经有机认证机构认证。微量元素肥料在确认茶树有潜在因素危险时作叶面肥喷施。微生物肥料应是非基因工程产物。禁止使用化学肥料和含有毒、有害物质的城市垃圾、污泥和其他物质等。严禁使用未经腐熟的新鲜人粪尿、家禽粪便，这类肥料的使用必须经过无害化处理，以杀灭各种寄生虫卵、病原菌、杂草种子，使之符合有机茶生产规定的卫生标准。外来农家有机肥以及一些商品化有机肥、活性生物有机肥、有机叶面肥、微生物制剂肥料，必须得到有机食品认证机构颁证才可使用。施用天然矿物肥料，必须查明成分及含量、原产地、贮运、包装等有关情况，确认属无污染、纯天然的物质后方可施用。

三、有机茶园病虫草害的调控

以茶树为中心的茶园生态系统中，茶树、病虫及其天敌等形成了一个复杂的生物群落，它们通过营养循环的形式同时存在，互为依存、互为制约，并在一定条件下互相转化，保护好茶园环境的生态平衡以及重视茶园周围的生态环境有助于茶园生态系的生物多样性，从而发挥茶园的自然调控能力。

（一）有机茶园病虫草害的农业调控

1. 品种选择

换种改植或发展新茶园时，选用对当地主要病抗性较强的品种。

2. 合理间作

小绿叶蝉发生严重地区，茶园不宜间作花生、猪屎豆、蚕豆等。不少果树、林木上的多种害虫，如蚜虫、粉虱、刺蛾、蓑蛾、卷叶蛾等也会为害茶树，故应注意邻作和遮阴树的选择。对于茶园恶性杂草可采取人工除草。至于一般杂草不必除净，保留一定数量杂草有利于天敌栖息，可调节茶园小气候，改善生态环境。

3. 正确施肥

正确施肥可以增进茶树营养，提高抗逆能力；反之，施肥不当，常可助长病虫为害。例如偏化学氮肥，可使茶树枝叶徒长，抵抗力减弱，增加叶蝉、蚧、螨类吸汁型有害种群数量。

4. 适时排灌

云纹叶枯病、茶赤叶斑病、白绢病等常在干旱季节流行发生。因此，夏季灌溉抗旱。对防治上述两种病害的发生有明显效果。地下水位过高，茶树根病、红锈藻病和茶长绵蚧等病虫害发生较重。因此排水对上述病害也有明显的抑制作用。

5. 及时采摘

茶中的某些害虫（如小绿叶蝉、绿盲蝽象等）不仅为害茶树嫩梢，而且在芽梢内部产卵，茶饼病、芽枯病、白星病、跗线螨、茶橙瘿螨、茶黄蓟马等多种病虫都在嫩叶上为害，通过分批多次采摘可以将大量上述病虫采下，起着直接去除病虫的作用。

6. 修剪调控

在长白蚧、黑刺粉虱、地衣苔藓等病虫为害严重的茶园，台刈是行之有效的防治方法。此外，轻修剪对钻蛀性害虫、茶树茎病和茶树上的卷叶蛾具有明显的防治作用。成龄茶如过于郁闭，需进行疏枝，使蓬脚通风，对抑制蚧类、粉虱类害虫发生有相当作用。茶园修剪、台刈下来的茶树枝叶，先集中堆放在茶园中或附近，待天敌飞回茶园后再处理。

7. 杂草防除

有机农业生产中，禁止使用化学除草剂。有机茶园的杂草防除应采用农业技术措施、生物防治、机械除草等综合的方式来防控茶园杂草的生长。如结合耕作施肥除草，在杂草结籽前削除，减少来年杂草的发生量；各种茶园覆盖，如地膜覆盖、铺草覆盖、修剪枝叶覆盖。同时，研制有机茶园中可用的生物制剂进行杂草的防控。

（二）有机茶园病虫草害的物理调控

物理机械防治即利用各种物理因子、人工或器械防治害虫的方法。包括最简单的人工捕杀，直接或间接捕灭害虫，破坏害虫的正常生理活动，以及改变环境条件使害虫不能接受和容忍。物理机械防治既可用于预防虫害，也可在已经发生虫害时作为应急措施。

1. 直接捕杀

利用人工或简单器械杀灭害虫。如震落有假死习性的茶黑毒蛾、茶丽纹象甲，用铁丝钩杀天牛幼虫，对杀毛虫卵块、茶蚕、蓑蛾、卷叶蛾虫苞、茶蛀梗虫、茶堆沙蛀虫、茶木蠹蛾等目标大或危害症状明显的害虫也可采取人工捕杀的方法进行，对局部发生量大的介壳虫、苔藓等可采取人工刮除的方法防治。

2. 物化诱杀

物理和化学方法诱杀。利用多数昆虫的趋光性，在灯下放置水盆，水面上滴少量洗衣粉，使害虫趋光落水而死。黑光灯为紫外光灯的一种，诱虫效果比普通灯光强，能诱集多种昆虫，它除能诱杀雄蛾外，也能诱杀部分雌蛾，同时依灯诱蛾量的多少，还能较准确地掌握蛾的发生高峰时期。根据一年高峰出现的频率，基本上能了解害虫的年发生代数。并能预测幼虫的发生期及下一代和翌年该虫的发生和为害趋势。但灯光诱杀对一些有趋光性的有益昆虫也有一定的诱杀作用。

实际生产中也可将未交配的活体雌虫如茶尺蠖、黑毒蛾固定在一小笼中，下置水盆，利用其释放的性外激素诱杀求偶雄虫；也可采集一定数量的未经交配的雌蛾，剪下腹部末端几节，用二氯甲烷、二氯乙烷、二甲苯或丙酮等溶剂浸泡、捣碎、过滤，将滤液稀释再喷到用过滤纸做成的诱芯上。对于茶毛虫、茶小卷叶蛾等害虫，已人工合成了性诱剂，可诱集大量雄蛾。

3. 生物调控

生物防治是利用有害生物的天敌对有害生物进行调节、控制，使农业生产的质量损失和经济损失减少到最低程度的一种方法。通过改善茶园生态条件，增加茶园生物多样性，如种植杉棕、苦楝等行道树和遮阴树，或采用茶林间作、茶果间作。保护和利用当地茶园中的草蛉、瓢虫和寄生蜂等天敌昆虫，以及蜘蛛、捕食螨、蛙类、蜥蜴和鸟类等有益生物，减少人为因素对天敌的伤害。

思考题

1. 冻害、寒害的类型及影响因素有哪些？
2. 简述茶树产生寒、冻害的机理及其防御技术。
3. 简述干旱胁迫对茶树的影响及其防御技术措施。
4. 简述茶树湿害的防御技术。
5. 影响茶叶农药残留量的因子有哪些？
6. 试述有机茶基地建设与生产技术。

参考文献

［1］骆耀平. 茶叶栽培学［M］. 北京：中国农业出版社，2008，02：337-364.

［2］郭见早，崔敏，孙霞. 茶园冻害的防护技术［J］. 中国茶叶，2010（08）：19-20.

［3］卢健，朱全武，骆耀平. 茶园旱热害及其防治与补救措施［J］. 茶叶，2013（03）：153-155.

［4］刘正礼. 茶园湿害改良［J］. 农家顾问，2002（05）：34.

［5］方华春. 无公害茶园生产技术研究综述［J］. 茶叶科学技术，2000（02）：1-3.

［6］朱兴正. 有机茶园土壤管理［N］. 云南科技报，2007-09-13（006）.

第八章　茶叶采摘

茶叶采摘即是茶树栽培的收获过程，也是增产提质的重要栽培管理技术措施。茶叶采摘是否科学合理，不仅直接关系到茶叶产量的高低、品质的优劣，而且还关系到茶树生长的盛衰、经济生长年限的长短。本章介绍了主要影响鲜叶合理采收因素间的相互关系、采摘标准、采摘技术以及采后保鲜等内容。

茶树是叶用植物，人们栽培茶树的目的就是要获得它的芽叶。采摘不仅是茶树栽培的收获过程，同时也是茶园管理的一项措施，又是茶叶加工的开始。因此，在采摘过程中应当注意以下几项内容：

（1）采叶时必须注意清洁工作，不能将病虫害叶及枯叶采进，也不能把茶枝、茶果与其他杂物混进筐内。

（2）采茶时任何时候不采芽苞，不搬"马蹄"，不采老叶，"严禁抹光头"。

（3）采下鲜叶，不能在手心内捏得太多、太紧，应勤采勤放，当茶筐装满后，不能压紧，以免鲜叶损伤和发热变质。

（4）采茶工具和运输机具均以竹篾编制的茶篮为好，才能通风透气，并要保持清洁，无异味，不能用布袋或塑料袋。

（5）采下鲜叶如不能及时运送，必须放在阴凉处，不能堆积过厚，防止叶子因发热而红变，更不能在太阳下暴晒，否则会造成干萎或质变。

第一节　采摘原理

茶树的新梢是供采摘的对象，所谓茶树新梢是指茶树上当年萌发出的嫩枝，采茶是采摘茶树新梢的各种芽叶的过程，采下的芽叶称为鲜叶或茶青，是制造各类茶的原料。由于茶树上的新梢本身存在着大小、粗嫩、长短之分，人为采摘可采迟采早、采大采小、采多采少，采摘期长短的不同及采摘次数的多少，采摘直接影响了茶树当季和下一季、当年和长年的茶叶产量与品质、茶树生长势以及经济效益。只要采摘得合理，茶树可以长年健壮，又可获得高产优质的茶叶和较长的经济年龄。

所谓合理采摘，它是根据茶树不同年龄的生长特点与茶树本身的需要以及气候特点、茶园的管理水平等实际情况制定出来的合理采养技术措施，包括采下芽叶的标准、茶树新梢上留叶的数量和留叶时期。茶树采摘过程中，进行合理采摘具有重要的作用：①已投产的茶树，通过采摘，能持续高产稳产；②通过采摘能不断地促进新梢的萌发生长，增进树冠面上新梢的密度和重量，长年维持茶树正常的生长；③采下的芽叶需符合当地制茶原料的品质要求；④能合理调节采摘劳力的安排，提高劳动生产率，这样即达到采养结合，量质并举，长短兼顾的目的。

一、采摘与发芽的关系

采摘可以增加芽叶的数目，增加芽叶萌发轮次。采摘的茶树，1年可发5~6轮，不采的茶树（自然生长的茶树）1年只发2~3轮，所以采摘能使茶叶萌发轮次次数增加，使芽叶的数目增多，但采得不合理，或一味强采，就会导致茶叶质量下降，品质劣变，茶树衰败。

二、采摘与留叶的关系

茶树叶片是茶树光合作用的器官，为了使茶树积累较多的有机物，就必须使茶树具有较大的叶面积，所以在采摘芽叶时必须适当留叶，保证茶树上有一定的新叶，如果采摘过度，茶树上没有足够的叶数，光合作用面积不大，茶树有机物的积累减少，生长发育受影响，造成茶树早衰，产量下降。采茶必须留叶，但也不是留得越多越好，如果留叶过多不但影响当季的产量，而且会使茶树的生长发育向生殖生长转化。留叶过多，导致茶蓬郁闭，下层叶片处于过分荫蔽的情况下，光照不足，光合作用大大减弱，积累有机物质减少，又因处于下层叶通风透光差，呼吸作用加强，这部分叶片成为多余的消耗部分，影响了茶叶的产量。

第二节　鲜叶的合理采收

一、鲜叶采摘与留养

茶叶采收与留养跟茶树生育生存有着十分密切的关系。芽叶即是茶树的营养器官，采摘新生的芽叶，必然会减少光合叶面积，减少有机物质的形成和积累，如果强采，留叶过少，还会增加茶园的漏光率，从而降低茶树的光合作用，影响茶树的生长。幼龄茶树树势还不十分健壮，如果过早过强采摘，容易造成茶树生育不良，茶树提前衰老，缩短茶树生长年限等问题。如果留叶过多，或不能及时采摘顶芽和嫩叶，一方面会消耗掉更多的营养和水分，同时因树体叶片过多，树冠遮蔽，中下层着生的叶片见光少，对其有效的光合作用不利，茶树下部生长差，容易造成分枝少，发芽稀疏，生殖生长增强，花果增多，从而影响茶树产量。

从茶树树体的自我营养吸收考虑，茶树的采收应该有一定的留叶制度，否则，难以实现持续高产优质。但留叶过多，又会对茶叶生产带来影响，新留叶片光合能力较弱，呼吸强度大，只有当叶片定型、生长至少30天，光合强度才达到较高的水平，有较多的营养物质积累。有研究表明，茶树留养叶的光合特性中，留2叶采与留1叶采的光合能力相近，即多留一叶在同一枝梢上，光合积累并非呈累加关系，因生育前后的时间差及

上下叶片的相互遮蔽，留养2叶不但产量受影响，同时也不能发挥留养叶最大的光合效能。留养鱼叶，其光合功能与正常叶相近。因此，采摘上强调留鱼叶采，一方面可以减少干茶中的黄片，提高茶叶品质，同时又能发挥其光合潜能。

因各季节采摘方法不同，留叶数量也不同，对茶树生育、产量和品质都有不同的影响。根据不同茶类对鲜叶原料的要求，运用合理的采摘制度，因地、因时、因茶类进行合理的采摘，茶树即可维持长期健壮，又可以获得高产优质的原料和较长的经济年限。此外，采摘合理与否，对于制茶品质、成本和收益也有密切的关系。通过合理采摘，使全年产量分布较为均匀，有效调节全年劳动力的安排，达到增产增收。

采与留对茶树的生长与茶叶产量具有重要的影响。留叶是为了多采，采摘也必须考虑留叶，在采摘中要做到合理采摘和合理留叶。有实验表明，合理采摘，就是在新梢生长到一定程度时，适当采去顶芽（或驻芽）以及若干张细嫩叶片，留下鱼叶或1~2片真叶在新梢上。生产上要具体应留多少叶为适度，什么季节留，没有固定不变的标准，必须根据茶叶加工原料的要求及品种、叶片寿命、树龄树势、茶园管理水平等因素综合地来考虑。

二、鲜叶质量与数量

茶树是一种商品性极高的经济作物，因此，在生产中不但要求产量高，同时要求质量好。茶叶采大采小，采嫩采老，采迟采早，都与茶叶的数量与质量密切相关。只有在采摘上强调量质兼顾，才能取得优质、高产、高效的结果。

生长势强的正常芽梢，在萌发伸育过程中，从芽、一芽一叶到一芽多叶的每增加一叶，重量成倍增加，特别是从芽伸育到一芽三叶的比例最大。根据调查研究表明，福鼎大白茶从芽到一芽四叶的重量变化幅度中，一芽一叶、一芽二叶为100%，则后一叶的生长量是前一展叶状态重量的一倍多。一芽三叶至一芽四叶的重量变化幅度比前几片叶增加要小，增重仅为50%，增长量降低对不同品种的调查均有相似的结果。由此可见，除一些名优茶、特种茶对鲜叶有特别的要求外，过嫩采摘会对产量带来很大的影响。少采一叶，意味着减产近一倍。另一方面，一般采叶茶园的芽梢，相对一部分叶在展2~3张叶后便形成对夹，所以也不能都留养到展叶3~4片后才开始采摘。这样不仅影响鲜叶质量，而且由于顶芽存在，使侧芽不能萌发，减少了侧芽的发生量，芽叶萌发的数量减少，同样不能获得高产。

茶叶采摘的质量与品质关系很大，采摘不合理，即使精工制作，也不能获得优质的成品茶。若芽叶养大采，则茶树对夹叶增多，叶片老化速度快，鲜叶所含对茶叶品质影响大的物质成分含量会显著下降。一般而言，幼嫩的一芽二三叶的鲜叶内含物质较为丰富，加工的茶叶品质较好，鲜叶老化后，品质成分下降，加工的茶叶品质就较差。因此可见，鲜叶的品质成分是随着叶片的老化而逐渐减少的。所以采摘时不但要掌握一定的嫩度，同时还必须区分好不同鲜叶原料的等级，实行分级复制，否则，老嫩混杂不可能获得高质量的茶叶。

三、鲜叶采摘与培肥管理

茶树在一年中的生长周期各有不同，春秋季是茶树的生长活动期，也是茶鲜叶的采收时期，到了冬季，茶树大部分开始进入休眠期。因此，要保持长期的优质、高产，旺盛的生长势的茶树，必须抓好采摘茶园的培肥管理工作。

合理采摘必须建立在良好的管理工作基础之上，只有茶园水肥充足，茶树根系发育良好、生长势旺盛，才能生长出量多质优的正常新梢，才有利于处理采与留的关系，才能做到标准采和合理留，达到合理采摘的目的。

合理采摘还要与修剪技术相结合，茶树从幼年开始就要注意树冠的培养，塑造理想的树冠；以后每年或隔年进行轻修剪，保持采摘面生产枝的健壮而平整，以利新梢萌发和提高新梢的质量。衰老茶树通过更新修剪，配合培肥管理，恢复树势，提高新梢生长的质量。总之，通过剪采相结合，以使新梢长得好、长得齐、长得密，为合理采摘奠定物质基础。

因此，采摘和管理相结合，两者相辅相成，只有建立在茶树各项技术措施密切配合的基础上，才能发挥出茶叶采摘的增产提质效应。采摘茶叶是栽培茶树的目的所在，加强茶树的培肥管理，有利于提高茶树的产量和质量，保证茶树后期的正常旺盛生长。

第三节　采摘标准

采摘标准是指从一定的新梢上采下芽叶的大小标准，是人们根据茶类生产的原料要求、市场供求关系和芽叶的化学成分等指标而制定的，以求获得最高的经济效益。

一、不同茶类的采摘标准

按照我省主产茶叶的种类其采摘标准可分为以下几种：

（一）名优茶的细嫩采标准

高档名茶的细嫩采：指茶芽初萌，或嫩梢开展1～2嫩叶时采摘标准，采摘的细嫩芽叶大多制成高级名茶。如宝洪茶、十里香茶、翠华茶、南糯白毫、银针等名茶，这种采摘标准，只适于制少量的名特茶，其产量相对较低，而且采摘费工。

图8-1　名优茶采摘标准

（二）大宗茶类的适中采标准

大宗茶类的适中采：是在新梢生长到一芽三至四叶时，采下顶端一芽二至三叶，此时由于新梢已达一定粗度与长度，采下的芽叶又比较细嫩，因此做出茶叶外形美观、色、香、味均好，采下的鲜叶又多，经济效益较高，是适合于生产大宗红、绿茶的原料（图4-3），同时留在树上的枝叶较健壮，有利于增加萌发轮次，对维持树势健旺，持续高产有利，是最普遍的采摘标准。

图8-2　一般红绿茶采摘标准

（三）乌龙茶类的开面采标准

中国某些传统的乌龙茶类，要求独特的风味，加工工艺特殊，其采摘标准是待新梢长至3~5叶将要成熟，而顶芽最后一叶刚摊开时采下2~4叶新梢，这种采摘标准俗称"开面采"。如采得过嫩并带有芽尖，则在加工过程中芽尖和嫩叶易成碎末，制成的乌龙茶往往色泽红褐灰暗，香气不高，滋味不浓；如果采得太老，外形显粗大，色泽干枯，滋味淡薄。一般掌握新梢顶芽最后一叶开展一半时开采，此采摘标准比大宗红、绿茶采摘标准要成熟、粗大。这种采摘标准的采法，全年批次减少、产量不高。

近年来，因消费者较喜欢汤色绿、芽叶细嫩品质特征，乌龙茶生产原料也有采用较细嫩芽叶进行加工。

（四）边销茶类的成熟采标准

边销茶类一般采用成熟采，通常到枝梢充分成熟，已开展5～6片叶时采下，还有放老对夹叶，留鱼叶或留1片叶，这类放老茶，采下枝叶粗大质硬，品质低，只能做边销茶原料，这种采摘虽然产量高，但是品质差，茶价低。由于枝梢充分老熟，促使花果增多，影响茶芽的萌发，因此只能专为边销茶区的需要而采摘，这类原料还可利用在各茶季结束，把放老的枝叶以及轻修剪下的枝叶收集采用，这样有利于下一季芽叶的萌发，还可利用幼龄茶树定型修剪下的枝叶做粗茶。

用于黑茶和砖茶生产的原料，采摘标准的成熟度比乌龙茶还要高，其标准是待新梢充分成熟，新梢基部已木质化，呈红棕色时，才进行采摘。这种新梢有的经过一次生

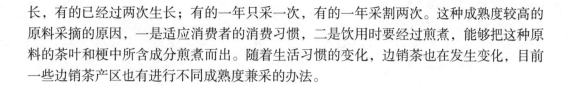

长，有的已经过两次生长；有的一年只采一次，有的一年采割两次。这种成熟度较高的原料采摘的原因，一是适应消费者的消费习惯，二是饮用时要经过煎煮，能够把这种原料的茶叶和梗中所含成分煎煮而出。随着生活习惯的变化，边销茶也在发生变化，目前一些边销茶产区也有进行不同成熟度兼采的办法。

二、依树龄、树势强弱的采摘标准

树龄不同、采与养的不同，采摘标准也不同。

幼年茶树和台刈新发茶蓬，主要是培养阶段，采摘时是以养为主，适当打顶采摘，实行嫩采，需要留有较多叶片，保持较大的叶面积，以充分利用光能，增加有机物质，不断扩大树冠的采摘面，为今后高产稳产打下基础，因此采摘时，必须待新梢成熟，根据新梢的生长长短采下一芽一二叶。所谓"打顶养蓬"，目的是促进分枝，扩大树蓬，保持树冠面上的枝梢生长整齐。

已投采的茶树，树势生长良好，树冠的高幅度已达到一定的标准，可以按芽叶的品质要求，全年各季均采用适度中采的采摘标准，则采一芽二三叶为主，如生长势衰弱，树上芽叶稀少，对夹叶多，只能采摘对夹叶与单片叶做粗茶原料，经过台刈更新的老茶树，新发出的新梢应集中一、二季停采，以后则采用打顶嫩采，培养树冠。

对于经过改造的老茶树，经集中培养一年或1~2季不采，或采用轻采，培养树冠，待其行间有一定覆盖度后，才进行适度采摘。否则，难以达到更新的效果。

三、依据气候特点的采摘标准

中国四大茶区，各茶区质检都有不同的气候特点，其茶树的生长强度和适制性也有所不同。为了平衡全年的产量和质量，发挥最佳的经济效益，在同一茶园一年中可以有不同的采摘标准，支撑不同茶类或同一茶类不同等级的茶。

"茶过立夏一夜粗"，充分说明了茶芽生育与季节的密切关系，这一关系是各季节的温度、湿度、光照等气象因子的影响与茶树新梢在特定环境条件下生育特点所形成的。春季气温回升慢，波动又大，茶芽生育缓慢，这是采制高档名优茶的有利时机，以细嫩的标准采为主；等到气温回升已经平稳，新梢伸育快速时，以大宗红、绿茶的适中采为主；最后在季末采用成熟采为特种茶的原料。有的生产同一茶类，依据新梢伸育和气候情况，采制不同等级的鲜叶原料。如龙井茶，在清明前后均以采制特级和1、2级龙井为主，谷雨后则多采制3~5级的龙井茶；夏茶时气温高，雨水多，新梢生长快，叶片易变粗老，只能按5级左右的龙井茶标准采摘鲜叶原料；秋末气温逐渐下降，雨水较多，新梢生育较正常，则又可按2级、3级的标准采。

同时，一些生产单位，根据气象规律和新梢生育特点，结合对茶叶等级要求，采用多茶类组合生产的方式进行采摘，使得不同底气、不同茶树品种、不能嫩度的鲜叶、不同采茶季节都有最佳的适制茶类的鲜叶原料，充分发挥其原料的经济价值。

第四节　采摘技术

一、采摘时期

采摘时期是指茶树新梢在生长期间，根据采摘标准，留叶要求，掌握适宜的开采期、停采期和全年采摘期。

（一）开采期

茶树新梢生长具有强烈的季节性，采摘不及时，就会严重影响鲜叶的产量和品质，农谚"早采三天是个宝，迟采三天便是草"，说明及时开采的重要性。茶树开采期，在手工采茶的情况下，一般宜早不宜迟，特别是春茶开采期更是如此，因为茶树营养芽经过冬季休眠期后，积累了较多的养分，芽叶内有效成分相对较高。如果开采期掌握不当，放大放老，不仅茶叶品质低劣，而且还影响下轮芽叶的萌发和茶树生长势的发展。根据生产实践，一般采用手工采摘的大宗红绿茶区，当春茶新梢在树冠面上有10%～15%达到采摘标准，夏、秋梢有5%～10%达到采摘标准，就要开采。云南茶区一般春茶开采期在3月上旬，滇南、滇西茶区较早在2月上旬，滇东北、滇西北茶区较迟，一般到4月上中旬开采。

在相同的气候条件，由于茶树品种、发育阶段、茶园管理水平不同，开采期也有先后，一般先采早芽种，后采迟芽种；先采阳坡茶，后采阴坡茶；先采低山茶，后采高山茶；先采成龄投产茶园，后采幼龄或更新茶园。

（二）全年采摘期

全年采摘期，可根据茶树新梢生育的规律，分为轮次，而各茶区由于开采、停采期不同，全年采摘期的长短不一致，从云南省气候特点来讲，全年有6～8个月的采摘期。滇南、滇西茶区，一般自3月上旬至11月上旬均能采茶，全年约有8个月甚至更长的采摘期；滇东北、滇西北茶区霜期较长，采摘期在6个月左右。

茶树品种不同，新梢的萌发和生长有先有后，有快有慢，即使在同一茶树上的芽叶，由于生长部位不同，发芽有先有后，一般规律是顶芽先发，侧芽后发，强枝先发，弱枝后发。为了增加全年采摘轮次，要实行分批多次及时按标准采。分批多次采，能增加芽叶数；及时按标准采，能保证芽叶质量，这是茶叶采摘上达到高产、优质的重要措施。1949年以来，云南省广大茶区逐步改革旧有的采摘习惯，普遍推行按标准分批多次采摘，对茶叶增产提质发挥了很大的作用，分批采摘应隔几天采一批为好，无一定的准则，必须以茶树树龄、新梢生长速度、制茶原料的要求及劳动力情况而定，一般可采取春茶每隔4～5天采一批，夏茶每隔3～4天采一批，秋茶每隔5～6天采一批。

（三）停采期

停采期俗称封园期，是指一年中结束茶园采摘的时期。封园期的迟早，关系到当年产量，也关系到茶树生长和来年产量，为此，必须根据环境条件、树龄、管理水平等的不同来确定不同的停采期。云南省大部分茶区都在10月下旬至11月上旬停采，滇南、滇西茶区有的可采到12月。对于肥培管理条件较差，茶树树势衰弱或需要培养树势、留养秋梢的茶园宜适当提前封园。

二、手采技术

（一）采摘技术

手工采摘是我国传统的采摘方法，其特点是：采摘精细、批次多，采摘期长，质量好，适合制作高档茶，特别是名优茶的采摘，尽管手采工效低、成本高，仍然是目前云南茶区应用最普遍的采摘方法。

1. 打顶采摘法

这是一种以养为主的采摘方法，适用于培养树冠的茶树。一般在1～3龄的幼龄茶树或更新复壮后最初1～2年时采用。通常的做法是，待新梢展叶5～6片以上或新梢即将停止生长时，采去顶部的一芽二三叶，留下基部三四片叶。每轮新梢采摘一至二次。采摘要领是采高留低，采顶留侧，以此促进分枝，扩展树冠。

图8-3　打顶采摘法

2. 留叶采摘法

也称留大叶采摘法，这是一种以采为主，采留结合的采摘方法。具体做法是，当新梢长到一芽三四叶或一芽四五叶时，采去一芽二三叶，留下基部的一片或二片大叶。这种采摘法，既注意采摘，又兼顾养树，采养结合。留叶采摘法常因留叶数量和留叶季节

的不同，又分为留一叶或留二叶采摘法等，具体视树龄、树势状况分别掌握。

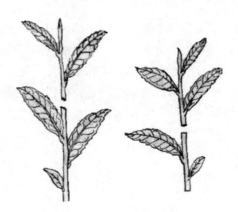

图8-4　留一叶或二叶采摘法

3. 留鱼叶采摘法

又称留奶叶采摘法。这是一种以采为主的采摘法，是名茶和大宗红、绿茶的基本采摘方法。一般是当新梢长到一芽一二叶或一芽二三叶时将其采下，只把鱼叶留在树上。

图8-5　留鱼叶采摘法

4. 分批留叶采

是按当地生产的茶类所需的采摘标准和各类茶季留叶的要求，根据茶树萌发的先后、芽叶的大小，做到先发先采，后发后采，符合标准的新梢先采，达不到标准留到下一批采，超过标准的也只按标准采摘，多余的叶片留在树上，出现嫩的"对夹叶"随时采干净，这样采下的鲜叶老嫩匀净，符合制茶的需要，是根据茶树新梢的萌发规律而制定的，全年可采20~30次。

（二）手采方式

采摘手法运用的好坏，对贯彻采茶技术的影响很大，采法不对，破坏树冠的培养。不规范的采摘手法会损伤茶芽，使采下的芽叶老嫩不一，既有碍茶树生长，又影响茶叶的产量和品质，所以须注重采摘手法，常用的采摘手法主要有以下几种。

1. 掐采

又称折采，一般常用于采细嫩的名贵茶和幼嫩茶树的打顶采摘。它是用左手按住枝条，用右手的食指与拇指的指尖把要采的芽叶轻轻地用力掐摘下来，这种采法采叶量少，效率低。

2. 提手采

为手采中最普遍的方式，现在大部分茶区都采用此法，采茶效率高，鲜叶质量好，它是用拇指和食指夹住新梢需采摘的部位，手掌的掌心自下而上，食指稍着力，芽叶便落在掌心，采满一把后立即放入采茶篮内。

3. 双手采

适用于条植茶园与有一定采摘面的茶蓬，采茶效率高，它是左右手同时放在树冠采面上，应用横采或直采手势，用双手互相交替把达到标准的新梢采下来。双手采的经验：思想集中，手勤脚快，集中精力看好采面的新梢，做到眼到、手到，看得准、采得快。应采应留都要做到心中有数，采时手法要求快、准、稳，不掉落不损伤，两手相隔约15cm，两脚所占位置与茶丛保持一定距离。

（三）名茶采摘与边茶采割

名茶采摘和边茶采割是两种采摘结果相差很大的采收方式，相同之处均以手工掌握采摘要领来完成。

1. 名茶采摘

我国名茶琳琅满目，各具特色，品质优异。大多数名茶采摘要求都比较严格和精细，要求鲜叶细嫩、均匀，采得早，摘得嫩，拣得净是其主要特点。但由于各种名茶品质风格独特，加工工艺精湛特异，对鲜叶原料又各有特定的要求。因此，各种名茶的采摘在嫩度上、时间上仍有很大差别。

以采芽为采摘对象的名茶，有湖南的君山银针、浙江的千岛银针、四川的蒙顶石花等。君山银针采摘要求很严，用特制的小竹篓盛茶，鲜叶全系粗壮芽头，芽头一般长度25~30mm，宽3~4mm，即雨天不采，细嫩芽不采，紫色叶不采，风伤芽不采，虫伤芽不采，开口芽不采，空心芽不采，有病弯曲芽不采，过长过短不采。采后即行拣剔，除去杂劣。

以采摘细嫩鲜叶为对象的名茶，有浙江的龙井茶，江苏的碧螺春，安徽的黄山毛峰，南京的雨花茶，河南的信阳毛尖，湖南的安化松针和高桥银峰等。采摘均以一芽一叶或一芽二叶初展的细嫩芽叶为主要对象，要求芽叶细嫩，大小均匀一致。

以采摘嫩叶为对象的名茶，有安徽的六安瓜片等。瓜片选用新梢上单片制成。其采摘分采片和攀片两个过程。采片：一般在谷雨到立夏之间采摘，在茶树上选取即将成熟的新梢，按序采下新叶片，梗留在树上。使芽、茎、叶分开。攀片：鲜芽叶采回后摊放在阴凉处，待叶面湿水晾干，将新梢上的第一叶至第三四叶和茶芽，用手一一攀下，第一片叶制提片，品质最优；第二片叶制瓜片，品质次于提片；第三四片叶制梅片，品质较差。芽制成银针。攀片实质上是对鲜叶进行精心的分级，将老、嫩分开，便于加工，并使品质整齐一致。

2. 边茶采摘

我国边茶的生产、采割方法独特，大都是利用生长期较长的原料制成。最主要的有黑茶和老青茶。边茶采摘除用机采外，手工采摘系采用特别的采茶工具进行。湖北采割老青茶用的是一种专门的小镰刀割采，也有采用大剪刀（篱剪）进行剪采。

边茶的采摘标准依茶类而异，黑茶传统的采摘在立夏（五月上旬）、立秋（八月上旬）前后采摘两次。每次新梢70%以上呈驻芽时留鱼叶进行采摘。老青茶是压制青砖的原料，分洒面、二面和里茶三级。对鲜叶的要求，按新梢的皮色分，洒面茶以白梗为主，稍带红梗，即嫩梗基部呈红色，俗称白梗红脚；二面茶以红梗为主，稍带白梗；里茶为当年新生红梗。无论面茶、里茶，都要求不带枯老麻梗和鸡爪枝，过嫩过老均非适宜。边茶的采割分采割粗茶和粗细兼采两种形式。一年内采割次数各地有所不同。有的每年只采割一次粗茶，有的每年采割两次粗茶，有的则每年采一次细茶（春茶）、割一次粗茶。据实验研究表明，一年割一次粗茶的茶树，采割后有较长的树势恢复期，产量较稳定；一年割两次粗茶，在一些茶园管理条件较差的情况下，产量不稳定，而一粗一细的采割方式，有显著的增产增值效果。

边茶采割的时间因地区、气候、茶类及新梢轮次而异。在湖南地区，春采细茶不过夏，夏采粗茶不过秋，秋采不过处暑。在四川地区也大致相同，在高温季节（5~8月）采割粗茶，并在白露（9月上旬）前封园停采。在湖北地区，采割老青茶的时间有三种：一是一年割两道边茶的，第一次在小满至芒种，第二次在立秋至处暑；二是一年采割一刀隔冬青（上年秋梢）和一道面茶（春夏梢），前者在惊蛰前后（3月上旬），后者在夏至前后（6月中、下旬）；三是一年只割一道面茶或里茶，即在夏至前后采割面茶，或在小暑至大暑之间采割一次里茶。

用刀采割的主要经验是留新桩，采割留新桩的高低，视采割时间及树龄不同而异。采割期早的可能略低些，壮年茶树提刀割采宜高，每次提高5~7cm，树高达50cm以上的成年茶树每次可在上次采割的刀路上提高2~4cm，以免带入枯老麻梗。在采割操作中，要求刀刃锋利，避免茶桩上的刀口破裂，影响下一轮的新梢萌发，下刀时要平，并使留下刀口呈马耳形，采割应选晴天，以免雨水积累，使桩头霉烂。

三、机采技术

茶叶采摘是一项季节性很强的工作，在整个茶叶加工过程中，占据着大量的工时。据统计，用手工采摘大宗茶所花工时约占茶园管理总用工的50%以上，许多茶叶生产企业在茶叶生产旺季要从各地招收采茶工，为解决采茶工的吃、住、行等生活问题，投入大量的人力、物力，从而导致生产成本的提高。另外，采茶工的流动性较大，临时观念较重，同时采茶工来自不同的地方，有着不同的采茶习惯。若劳动管理工作跟不上，常会出现滥采，茶叶品质无法保证，影响产量和品质，提高后期加工和筛选的难度。因此，机械化采茶越来越成为人们所接受。近年来，机械化采茶面积迅速扩增，缓解了劳动力不足的矛盾，缓解了大宗茶的及时采摘，降低了生产成本，提高了生产效益。但由于机械采摘茶鲜叶品质的难控性，因此，机械采摘对茶园管理的要求会更多更大。

（一）机采茶园的基础要求与管理

机采茶园的基础要求和管理与手采茶园不同，机采的效率、鲜叶的质量以及能否进行机采均与茶园的地形、种植方式、树冠形状等固有条件有着密切的联系。

1.适应机采的茶树品种

不同茶树品种的生育特性各有不同，以往的育种主要着眼于茶树产量、品质、抗性能力等方面，作为适合机采的茶树品种，除了要考虑这些性状之外，还需要考虑适合机采的一些要求，如要求发芽整齐度、持嫩性、节间长度和再生能力等。

机采相比手采，缺乏灵活性，在茶园新梢基本达到采摘标准时，一次性采下，如果茶树发芽不整齐，就会对采摘的品质质量造成影响，降低机采的品质。因此，机采茶园必须选用无性系品种建园。较强的持嫩性，使萌芽先后的芽叶品质差异不至于太大，便于加工成型且成茶品质的一致。节间长的茶树品种，机器切割落在节间上的可能性更大，使得采下的芽叶完整，破碎叶少。茶树的再生能力强，表现为剪后芽叶生长量大，如新梢生长的长度、粗度都能保持在一定水平，便于机采，如机采后芽叶抽生量少，茎的粗度迅速下降，这些都是不适宜机采要求的。据研究调查认为，槠叶齐、福鼎大白茶耐采性强，湘波绿较弱，龙井43、福鼎大白茶、迎霜、鸠坑种等比较适合机采。

机采茶园在进行品种选择的同时，还要考虑品种搭配，避免造成生产洪峰过于集中，导致生产集中，企业负荷大，采摘能力不足等问题。因此需要按比例进行早、中、晚品种的搭配，以缓解茶叶生产的洪峰与生产能力的矛盾，减少设备配置上的浪费。

2.机采茶园的选择和规划

机采茶园由于机器的限制性，在园地选择上，除了遵循手采茶园选地、规划的一般原则外，还需要着重考虑机械化作业的基本要求。首先是地面坡度，平地和缓坡茶园适宜运用较大型的采茶机械，其作业效率及安全性高，所以地面坡度<15°的平地与缓坡地是最适于机采条件的地形，地面坡度>15°也能进行机采，但必须修建等高梯地。其次，要选择土地集中成片，地形简单的地带建立机采茶园，避免茶园分散和复杂。机采茶园是一种规模化作业，集中成片有利于较好的发挥机采规模效益。

机采茶园除了对坡度规模有要求之外，对茶园的种植行距、梯地规划等方面也有一系列的要求。机采茶园的行距应根据采茶机的行割幅度和有利于茶树成园的封行两个因素来考虑。适合现有采茶机切割幅度的茶园行距一般为1.50~1.80m。如茶园土壤肥力较高，体层厚，气候条件适宜，管理水平高，可按1.80m行距布置种植行，这样每条茶行采摘来回采摘一趟的面积大，效率高；反之，则很难封行，茶园的覆盖度难以达到理想状态，可考虑按1.50m，或更小的行距来建设，但行距太小，也会降低工作效率，土地利用率也不高。

机采茶行长度不超过50m为宜，这主要考虑采茶机集中袋的容量有限，双人采茶机集中袋容量约为25kg鲜叶，采摘高峰期单位面积茶园一次采摘的鲜叶量，产量较高的茶园可达到7500~9000kg/hm^2，如茶行长度过长，在行中间集叶袋就装满了鲜叶，茶行中间卸叶十分不方便，降低劳动效率。机采茶行走向的设计应以方便采茶机卸叶，便于茶园管理作业和减少水土流失为依据。缓坡地的茶行走向应与等高线基本平行，梯地茶行

的走向应与梯壁走向一致，不能有封闭行。梯面宽度可按下面公式进行计算：

$$梯面宽（m）=茶树种植行距×行数+0.6$$

（二）机采技术

要使机采的茶叶符合原料要求，并获高效优质，必须掌握好采摘的时期，培养好生长势旺盛的茶树与平整树冠，使茶园、机器与人之间的协调，符合作业要求。

1. 机采方法

（1）不同茶园的机采方法

树龄不同、树势不同，采摘强度与留养要求不同，因为具体的机采方法不同。

幼龄茶树属树冠培养阶段，经过2~3次定型修剪，树高达50cm以上，树幅达80cm时，就可以开始进行轻度机采。在树高、树幅尚未达70cm×130cm时，应以养为主，以采为辅。用平行采茶机采摘，每次提高3~5cm，留下1~3片叶。开采期茶园相应比成龄茶园推迟一周以上。

更新茶树的采摘方法，需要根据修剪程度而定。对于修剪较重的茶园（如台刈、重修建），在当年只养不采，第二年春茶前进行定型修剪，以后推迟开采期，每轮提高采摘面高度5cm左右采摘春、夏、秋茶，第三年每轮采摘提高3cm左右；当树高、幅度在70cm×130cm以上才能转入正常机采。

壮龄期是茶树高产、稳定阶段，这一时期的采摘原则是以采为主，以养为辅。在机采时，春、夏茶留鱼叶采，秋茶根据树冠的叶层厚薄情况，适当提高采摘面，采养结合。必要时秋茶可留养不采，留蓄一季秋梢，其效果可维持2~3年。

（2）机械采摘作业要求

茶园中机械化采茶作业主要包括双人采茶机和单人采茶机两种形式。双人采茶机由两人手抬作业，机器置于茶行蓬面之上，操作者分别走在采摘茶行两边的行间，手抬机器进行采摘。远离汽油机一端的操作者为主机手，另一位操作者为副机手，位于机器后边的集叶袋被拖拽前进。作业时，一般是由5人组成1个机采作业组，两人充当主副机手，两人随后协助拖拽集叶袋，以免在袋中集叶过多时，集叶拉扯过重而影响寿命，同时可减少主、副机手的操作强度，在集叶袋装满时及时换袋，还有一人抓住集叶袋的尾部，保持集叶袋在采摘过程中始终在茶蓬面上。具体操作方法是：主机手手持采茶机手柄并背对采茶机前进方向后退行进作业；副机手则双手持采茶机手柄，面向主机手前进作业。机器前进时，应与茶行轴向呈一定角度，若采茶机的切割幅度为100cm，则适宜的采摘前进夹角为60°。双人采茶机一般需要来回两个行程才能完成一行茶树的采摘，去程应采去采摘面60%，回程再采去剩余的40%。采茶机采茶前进速度不可太快或太慢，以保证机器和操作人员的安全，并保证鲜叶采摘质量和作业人员工效。作业时，两机手应尽可能匀速前进，速度掌握在30m/min为宜，汽油机转速控制在4000~4500 r/min。

担任采茶机作业时，一般由2人组成1个作业组。1人操作机器实施采摘，1人辅助拖拽集叶袋，并在集叶袋装满时帮助拉袋和换袋，与操作者轮换作业。担任采茶机采摘是操作者采取侧向前进作业方式，由于单人采茶机机动性较好，能适应较复杂地形的茶园采摘，但操作难度较大。单人采茶机采摘也是来回两个行程完成一行茶树的采摘，要注意两个行程中间新梢采净，并尽量减少重复采摘，减少鲜叶的碎叶比例，提高鲜叶的质量并提高作业效率。

2. 机采留养

随着机采年份的增加，茶树叶层逐渐变薄，叶面积指数与茶树载叶量下降，茶树对夹叶在芽叶中比例增加，若不进行合适的留养，会直接影响茶叶产量与品质，茶树出现早衰，以致不宜进行机采。通过合理留养，以增厚叶层、增加叶量，调节树体营养"源"与"库"的关系，保证茶树良好的生长势。因此，留养技术是机采茶园栽培管理中的一项重要措施。

（1）留养标准

留养是通过调节叶量而作用于茶树生长、茶叶产量和品质的，所以具体要根据机采茶树叶量的多少来确定。根据调查研究发现，连续5~6年，茶树叶层厚度降至10cm以下，叶面积指数也相应降低至3左右，此时新梢密度也正好达到阈值，如果叶量再减少，就会影响茶树生长。因此可将叶层厚度小于10cm，叶面积指数低于3作为机采茶园需要留养的园相指标。

（2）留养时期

对于机采茶园留养时期的选择，要从以下几个方面进行考虑：第一，根据茶叶产量的季节分布特点来确定留养时期，为了减少当季损失，从经济效果上考虑选择在一年中产量比重小，生产效益低的轮次作为留叶时期。如湖南、浙江一带可选择在秋季的4轮茶留养，广东则可选择在春季1轮茶或秋季末轮茶留养；第二，根据留养的目的来确定留养时期，如果需要利用留养调节采摘洪峰，则可以在洪峰茶季之前对部分茶园进行适当留养；第三，根据茶树生长情况来确定留养时期，如茶树遇到严重灾害造成叶量大量减少时，则应及时留养，以恢复生机。

长江中、下游茶区比较多的选择秋季留养一批秋梢不采，或留1~2片大叶不采；也有在其他茶季适当提高采摘高度，留蓄部分芽叶。实验表明，春梢的萌发期随着秋梢的留养量增多而推迟；若树势衰退，或受自然灾害严重，则应考虑适当留些春、夏期间生长质量较好的叶片在树上，以使树势较快恢复。对于树冠表层机械经常切割部位已形成鸡爪枝或树体过高的茶树，应先行深、重修剪，再行留养。一般地，机采5~6年的茶树须考虑留养，留蓄一季秋梢，其效果可维持2~3年。

（三）采茶机种类及机采效益

为适应不同茶园生产要求，各采茶机生产厂家均产有不同种类机型的采茶机，有适合山地使用的单人采茶机，也有适合平地使用的双人台采茶机，它们的工作效率有差异。了解不同机器的特性，选择合适的机型，对提高生产效益是十分有益的。

1. 采茶机种类

采茶机种类可以根据不同的作业方式、工作原理、动力配置等进行不同的分类。

（1）依操作形式分类

可分为单人背负手提式，双人抬式、自走式和轨道式。单人手提式采茶机使用灵

活，适用于地块小、坡度较陡的茶园；双人抬式使用工效高，采摘质量好，适用于规模经营的平地或缓坡茶园；自走式和轨道式采茶机对机械、茶园各方面要求都较高，在我国目前尚未使用。单人背负手提式采茶机有电动和机动两种类型，双人抬式采茶机均为机动。

（2）依剪切方式分类

可分为往复切割式、螺旋滚切式和水平勾刀式。由于往复切割式采摘的芽叶质量好，在生产中实际应用最为广泛。

（3）依切割后树冠形状分类

可分为弧形和平形两种，单人背负手提式采茶机均为平形，其他类型采茶机有平形与弧形两种类型。

此外从动力配置上来分，可分为机动、电动和手动，以机动使用最广泛。

2. 机采效益

机采解决了劳动紧张的矛盾，也解决了因劳动力而带来的采摘不及时，采摘粗放，品质下降等一系列问题，获得了良好的社会效益和经济效益。

（1）提高工效

经有关试验，某地区全年平均工时生产率，机采为46.20kg/人，手采为1.20kg/人，机采是手采的38.5倍，浙江某地区经累计面积2300余公顷机采实践，单人采茶机比手采提高10倍以上，双人采茶机比手采提高20倍。可见机采在茶鲜叶的采摘中大大地提高了工作效率，提高了产量。

（2）降低成本

使用机械采茶对降低采茶成本效果十分显著。实验证明，全年采摘用工，手采为1185~2370个/hm²，占茶园全年管理用工总量的70%左右，机采约为334.5个/hm²，采茶成本大大降低。这种机采方式大幅度降低劳动力成本，节约了茶叶加工过程中的成本，随着农村劳动力的紧张，这样效益的差距在今后的发展中将会越来越大。

（3）保证质量

人工采摘受到多因素的制约，劳动强度大，采茶工不足延误生产机械，天气的变化还会影响采工的工作时间，人工采摘会因管理疏忽，而老嫩一把抓，影响成茶品质。一些生产单位在茶叶生产季节，常常会因为劳动力不足而滥采而不能及时采下芽叶，不仅使芽叶产量和品质下降，并且影响下一轮的新梢的萌发和生长。

机械采摘，虽缺乏人工的可选择性和灵活性，但只要给予科学的栽培管理，培养合理的树冠，运用熟练的采摘技术，就能使采摘质量和产量得到保证，甚至在一定程度上能超过手采。

机械采摘节省了大批的劳力，提高了劳动效率，相对减轻了劳动强度，促进了茶叶生产管理水平的提高，产生了较好的社会效益和经济效益。同时，采用机采后，使生产具有计划性，可根据茶厂生产能力、茶园面积合理安排鲜叶采收，不会因人工采摘时多时少，而造成多时加工不了，少时又不能满足生产。

第五节　鲜叶贮运与保鲜

茶鲜叶原料的质量，直接影响成茶品质，做好鲜叶采后的验收、分级，以及运输途中和进厂后的保鲜，是一项十分重要工作，也是指导按标准采茶，按质论价，明确生产责任制的具体措施。

一、鲜叶验收与分级

生产过程中，因品种、气候、地势以及采工采法的不同，所采下的芽叶大小和嫩度是有差异的，如不进行适当分级、验收，就会影响茶叶品质。因此，对于采下的芽叶，在进厂付制之前，进行分级验收极为重要。其主要目的：一是依等级定价（评青），按质论价，调动采工采优质茶的积极性；二是按等级加工，提高成茶品质，发挥最佳经济效益。鲜叶采下之后，收青人员要及时验收。验收时从茶篮中取一把具有代表性的芽叶观察，根据芽叶的嫩度、匀度、净度和鲜度4个因素，对照鲜叶分级标准，评定等级，并称重、登记。对不符合采摘要求的，要及时向采工提出指导性意见，以提高采摘质量。

嫩度是鲜叶分级验收的主要依据。根据茶类对鲜叶原料的要求，依芽叶的多少、大小、嫩梢上叶片数和开展程度以及叶质的软硬、叶色的深浅等评定等级。一般红、绿茶的要求，一芽一二叶为主，兼采一芽三四叶等。

匀度是指同批鲜叶的物理性状的一致程度。凡品种混杂，老嫩、大小不一，雨露水叶与无表面水叶混杂的均影响制茶品质，评定时应根据鲜叶的均匀程度适当考虑升降等级。

净度是指鲜叶中夹杂物含量的多少。凡鲜叶中混杂有茶花、茶果、老叶、老梗、鳞片、鱼叶以及其他非茶类夹杂物如虫体、虫卵、杂草、砂石、竹片等物的，均属不净，轻者应适当降级，重者应剔除后才予以验收，以免影响品质。

鲜度是指鲜叶的光润程度。叶色光润是新鲜的象征，凡鲜叶发热发红，有异味，不卫生以及有其他劣变的应拒收，或视情况降级评收。

同时，在鲜叶验收中还应做到不同品种鲜叶分开，晴天叶与雨水叶分开，隔天叶与当天叶分开，上午叶与下午叶分开，正常叶与劣变叶分开。并按级归堆，以利初制加工，提高茶叶品质。

我国茶类众多，鲜叶分级没有完全统一的标准，分级标准各有差异，应根据不同茶类加工的要求，进行分别定级评定。

二、鲜叶贮运与保鲜

从采收角度而言，鲜叶贮运是室外生产保证茶叶品质的最后一关。采下芽叶所放置

的工具、放置的时间，以及装运的方法等均会影响芽叶品质。所以鲜叶采收后，应采取有效措施保持鲜叶的新鲜度，防止叶温升高，发生红变，避免产生异味和劣变。为此，鲜叶必须按级别盛装，快速运送至茶厂付制。装运鲜叶的器具，不论是采茶用具或是运输用具都应清洁卫生，通气良好。

鲜叶盛装器具以竹编网眼篓筐最为理想，既通气又轻便，盛装时切忌挤压太紧，要严禁利用不透气的布袋或塑料袋装运鲜叶。如盛装鲜叶的器具通气不良，不仅使鲜叶发热变红，而且还会造成氧气不足，引起无氧呼吸，致糖类分解为醇，产生酒精味，同时鲜叶压得太紧，易损伤芽叶，随着叶温的升高，受伤的叶片变质快。

为了做好保鲜工作，鲜叶应贮放在阴凉、清洁、空气流通的场所，适于贮放的理想温度为15℃以下，相对湿度为90%~95%。春茶摊放鲜叶一般要求不超过25℃，夏、秋茶不超过30℃。云南的茶厂一般将鲜叶摊放在竹编的篾笆上或萎凋槽上。贮放期间还应经常检查叶温，如发现发热立即进行翻拌散热。

鲜叶贮放的厚度，春茶以15~20cm为宜；夏秋茶以10~15cm为宜。根据气温高低，鲜叶老嫩，干湿程度灵活掌握。气温高要薄摊，气温低可略厚些；嫩叶摊叶宜薄，老叶摊叶宜厚；雨水叶宜薄，晴天叶稍厚。

总之，鲜叶的验收分级、贮运和保鲜，是鲜叶管理工作的重要环节，影响后期的加工品质，操作不当会直接影响茶叶的整体品质和企业的经济效益。因此，茶鲜叶的管理要有科学严谨的管理措施，才能最大限度地保证茶叶品质，提高企业的经济效益。

思考题

1. 简述茶叶如何做到合理采摘。
2. 茶鲜叶采摘标准确定的依据是什么？
3. 如何进行分批多次采摘？
4. 手工采摘和机械采摘的异同点是什么，各有什么优缺点？
5. 为什么要进行茶鲜叶的验收和分级？

参考文献

[1] 骆耀平. 茶叶栽培学 [M]. 北京：中国农业出版社，2008，02：337-364.

[2] GB/T 31748-2015，茶鲜叶处理要求 [S].

第九章　云南茶树良种与实用栽培技术

第一节　云南茶树种质资源

一、云南茶树种质资源概况

云南有丰富的茶树品种资源和优良的云南大叶茶种。据中国农科院茶叶研究所和云南农科院茶叶研究所会同有关部门对云南茶树品种资源调查结果，按张宏达教授对山茶属植物的分类，世界茶组植物已发现的有37个种和3个变种，分布在中国的就有36个种和3个变种，其中分布在云南的有31个种和两个变种，并且有17个新种和1个变种是云南独有的。云南茶树新种之多，类型之丰富，是任何地区或国家所少有的。目前为止，全省有地方茶树品种共199个，其中无性系良种46个，有性系良种153个，有5个国家级良种（勐库大叶茶、勐海大叶茶、凤庆大叶茶、云抗10号、云抗14号），14个省级良种（云抗43号、长叶白毫、云抗27号、云抗37号、云选九号、73-8号、73-11号、76-38号、佛香1号、佛香2号、佛香3号、云瑰、云梅、矮丰），目前生产上应用的有云抗10号、云抗14号、长叶白毫、雪芽100、矮丰、清水3号、凤庆3号、凤庆9号等品种，云南省茶科所品种资源保存圃保存茶树资源1000余份，已报国家登记列为国家茶树品种资源财富的127个，占全国666个茶树品种材料的19.30%。

云南大叶种茶鲜叶中水浸出物、多酚类、儿茶素、咖啡因含量均高于国内其他优良品种，一般茶多酚类高5%～7%，儿茶素总量高30%～50%，水浸出物高3%～5%，与印度阿萨姆和肯尼亚种同属世界茶树优良品种，是制造红茶和普洱茶的良种。所制成的工夫红茶、红碎茶、普洱茶，香高味浓，质量优良。云南红茶质量在中国名列第一。云南红碎茶以其优良品质，作为提高中国中小叶种红碎茶品质的配料，为带动中、小叶种红碎茶做出了贡献。1991年开发出的大叶种炒青绿茶，受到国际市场欢迎。近年来新开发的蒸酶绿茶、名优绿茶、茉莉花茶以及手工特型茶等受到国内消费者的广泛青睐。近年来，云南已有20多种茶叶荣获省、部、国优和世界优质产品称号。

二、云南茶树良种资源特点

云南省主产茶区凤庆、双江、云县、永德、昌宁、景谷、景东、勐海等县广大茶农经过长期的生产实践，已积累了丰富的选种经验。根据多年来对茶树地方品种的调查、鉴定和比较结果，归纳起来，云南茶树优良品种具有以下几个特点：

（一）茶蓬高大，分枝适中

茶蓬高大，采摘面就宽大，每一茶蓬上可采的芽叶数就多。分枝密度适中的茶树，通风透光较好，有利于芽叶的充分生长发育，所萌发的芽叶肥、壮、多，就能够获得高产。

（二）发芽多，芽叶重，茸毛多

茶树上发的芽头多，芽叶重，茶叶产量就高。一般认为芽叶上茸毛多，茶叶品质也较好，所以大多数茶类都希望选用有白毫（茸毛多）的品种。此外，嫩叶色泽与成长势和持嫩性较强，是高产优质的标志之一。茶品质的关系也很大，一般黄绿色芽叶适制性较广，制红茶、绿茶均适合。

（三）芽叶生长快，采摘期早，新梢生长期长，发芽整齐

通常芽叶生长快和生长期长的茶树品种，产量相对要高。发芽整齐有利于采摘和茶叶加工，这对提高成品茶品质有一定的作用。采摘期早，可以提早采制，经济价值高，并且有利于调剂劳力和合理利用制茶设备。

（四）叶片大，呈下垂或水平状着生，叶面隆起，富有光泽，叶质柔软

一般叶片大而下垂或水平状着生的茶树，生长势旺盛，产量高。叶面隆起和富有光泽的茶树，育芽能力强，持嫩性好，芽叶中单宁、咖啡因等含量较高，有利于制茶品质的提高。叶质柔软的容易揉捻成条，加工成的茶叶外形美观。

（五）抗冻害、旱害和病虫害能力较强

多数茶区常有冻害、旱害和病虫害等发生，对茶树生长和产量影响很大，如果茶树本身具有较强的抵抗冻害、旱害和病虫害的能力，则在灾害期间，就有可能不受或少受危害，生长就不会受到影响或受到的影响较小。一般认为叶片厚、叶色深、叶身内折的茶树品种抗逆性较强。

（六）单位面积产量高于当地一般品种10％以上，制出的成品茶品质好或专适制某种茶类

第二节　云南茶树良种介绍

一、适制绿茶品种

（一）云茶1号

1. 植物学特性

植株乔木型，树姿半开展，分枝密；叶片着生上斜，叶形椭圆，叶色深绿、有光泽，叶质硬脆，叶面隆起，叶身稍内折；芽叶黄绿色，茸毛特多，育芽力强。

2. 品种适制性

属红绿茶兼优品种，制绿茶外形肥壮挺直、深绿色润，香气栗香，滋味醇爽，叶底绿亮；制红茶汤色红艳，香气浓，滋味浓，叶底较红亮。

3. 品种特性

抗寒、抗旱性强，抗小绿叶蝉与茶饼病能力强。

（二）长叶白毫

1. 植物学特性

植株较高大，树姿开张，主干明显，分枝密；叶片下垂状着生，叶长椭圆形，叶色绿，叶质较软；芽叶黄绿色，茸毛特多；花冠直径3.30cm，花瓣6瓣，子房茸毛中等，花柱3裂。

2. 品种适制性

适制绿茶，品质优良，制云海白毫，白毫满披，香气高、清鲜，滋味浓爽。

（三）佛香1号

1. 植物学特性

植株小乔木，大叶类，树姿半开展，分枝密。叶片呈半上斜状着生，叶形披针形，叶面隆起，叶身内折，叶质较硬，叶色深绿，芽叶绿色，茸毛特多。

2. 品种适制性

其制绿茶具有条索紧结颖长，绿润显毫，香气清香，汤色黄绿明亮，滋味醇和，叶底黄绿明亮的特点。

3. 品种特性

抗寒、抗旱性强，抗病虫能力较强，扦插和移栽成活率高。丰产品种，平均亩产优质干茶164.28kg。

（四）佛香2号

1．植物学特性

植株小乔木，大叶类，树姿半开展，分枝密。叶片呈半上斜状着生，叶形披针形，叶面隆起，叶身内折，叶质较硬，叶色深绿，芽叶绿色，茸毛特多。

2．品种适制性

其制绿茶具有条索紧细嫩匀，绿润显毫，香气清香，汤色浅绿明亮，滋味鲜醇，叶底绿明亮的特点。

3．品种特性

抗寒、抗旱性强，抗病虫能力较强，扦插和移栽成活率高。丰产品种，平均亩产优质干茶146.43kg。

（五）佛香3号

1．植物学特性

植株小乔木，大叶类，树姿半开展，分枝密。叶片呈水平状着生，叶形长椭圆，叶面隆起，叶身内折，叶质较硬，叶色绿，芽叶绿色，茸毛特多。

2．品种适制性

其制绿茶具有外形肥硕较紧，满披银毫，香气高长，汤色黄绿明亮，滋味鲜醇，叶底黄绿明亮等特点。

3．品种特性

抗寒、抗旱性强，抗病虫能力较强，扦插和移栽成活率高。丰产品种，平均亩产优质干茶158.08kg。

（六）佛香4号

1．植物学特性

植株小乔木，大叶类，树姿开展，分枝密。叶片呈水平状着生，叶形披针形，叶面微隆，叶身内折，叶质较硬，叶色绿，芽叶绿色，茸毛特多。

2．品种适制性

抗寒、抗旱性强，抗病虫能力较强，扦插和移栽成活率高。丰产品种，平均亩产优质干茶123.84kg。

3．品种特性

制绿茶具有条索紧细显毫，色带翠绿，香气高长，汤色浅绿亮，滋味醇和，叶底黄绿明亮的特点。

（七）佛香5号

1．植物学特性

植株小乔木，大叶类，树姿半开展，分枝密；叶片呈水平状着生，叶形长椭圆，叶面微隆，叶缘微波，叶尖渐尖，叶身内折，叶质中等，叶色深绿，芽叶绿色，茸毛特多。

2. 品种适制性

制绿茶外形较紧结，色带翠绿，满披银毫，香气高尚长，汤色浅绿较亮，滋味醇和，叶底绿亮。

3. 品种特性

产量高，丰产品种。

（八）云梅

1. 植物学特性

树冠下部能形成水平状着生的骨干枝，枝条着生角度大，树姿特开张，新梢节间长；叶着生水平状，叶长椭圆形、叶面隆起，叶尖渐尖，叶齿粗浅，叶质薄软，叶身平微下垂，叶色绿色，芽叶粗壮，色淡绿，茸毛短密。

2. 品种适制性

适制红绿茶，尤以制绿茶品质佳，香高味鲜醇，抗逆性强，适栽区较广。

3. 品种特性

生长势强，新梢伸育快，年生长6轮，产量高，比当地群体品种增产50.70%。

二、适制红茶品种

（一）云抗10号

1. 植物学特性

植株高大，主干明显，树势开张，分枝密；叶片稍上斜状着生，叶形椭圆，叶身稍内折，叶面微隆，叶质较软，叶色绿黄，叶齿粗浅；芽叶黄绿色，茸毛特多。

2. 品种适制性

制红碎茶香高持久，带花香，滋味浓强鲜，制绿茶色泽绿翠显毫，花香持久，滋味浓厚。

3. 品种特性

产量高，丰产品种。

（二）云抗14号

1. 植物学特性

植株高大，树姿特开张，分枝较密，嫩枝有毛；叶片稍上斜或水平状着生，叶长椭圆形，叶色深绿，富光泽，叶身较弯，叶面隆起，叶质厚软；芽叶黄绿色，茸毛特多；花冠直径3.60cm，花瓣7～10瓣，子房茸毛中等，花柱3裂。

2. 品种适制性

制红茶，乌黑油润，香高持久，滋味浓鲜，汤色红浓明亮，制绿茶，白毫显露，香气持久，滋味鲜浓爽口。

3. 品种特性

三年投产，投产当年亩产干茶87.20kg，最高单产达356.00kg。

（三）云抗48号

1. 植物学特性

植株高大，主干明显，树势开张，分枝密；叶片半上斜着生，叶形长椭圆，叶身稍内折，叶面微隆，叶尖渐尖，叶肉中等，叶质较柔软，叶色绿黄，叶齿细密；芽叶黄绿色，茸毛特多；花冠直径5.30cm，花瓣6～8瓣，子房茸毛中等，花柱3裂。

2. 品种适制性

制红碎茶香气高锐，滋味浓强鲜爽；制绿茶香气清香，滋味浓醇。

3. 品种特性

产量较高，四足龄亩产干茶173.50kg。

（四）云瑰

1. 植物学特性

树姿特开张，分枝角度大（60°），树冠宽大，低位分枝多，属长叶重芽型品种；叶着生状平微上斜，叶长椭圆形、叶深绿色，叶缘微波，叶面平微内折，叶尖渐尖，叶齿深而明显，叶质较厚软；芽叶肥厚、色绿，茸毛多而短密，一芽三叶百芽重158.10g；花冠直径3.40cm×2.50cm，花瓣6～7瓣，柱头3～4裂，结实性中等。

2. 品种适制性

红绿茶兼品种，制红茶香高鲜，滋味浓，强度突出，制绿茶香高，味浓醇，抗根结线虫力强，抗旱性强，扦插和定植成活率高。

3. 品种特性

芽叶伸育快，生长势强，产量高。

（五）矮丰

1. 植物学特性

分枝低而均匀，树姿开张，树冠紧凑，根颈和枝干基部不定芽多；叶着生上斜内卷，叶长椭圆形、叶面微隆，叶缘波状，叶质厚软，叶尖渐尖，叶齿细浅，叶身平微背卷，叶色深绿有光泽；芽叶粗壮，茸毛特多，淡绿色，发芽密，芽重，一芽三叶百芽重150.00g；花冠直径3.00cm×3.20cm，花瓣6～7瓣，柱头3裂，子房有短毛，结实性强。

2. 品种适制性

红绿茶兼制品种，尤以制红茶最佳，香高持久，滋味浓强鲜。

3. 品种特性

生长势强，育芽力强，年生长6轮，重芽型，产量高，比当地有性群体种增产75.50%；3月上中旬开采，一芽三叶盛期在3月下旬；扦插和移栽成活率高，在幼年期旱季要注意防旱。

三、适制普洱茶品种

（一）云抗37号

1. 植物学特性

植株较高大，树姿开张，主干明显，分枝密；叶片上斜状着生，叶长椭圆形，叶色绿、有光泽，叶面微隆，叶质软；芽叶黄绿色，茸毛特多。花冠直径3.10cm，花瓣7瓣，子房茸毛中等，花柱3裂。

2. 品种适制性

制红碎茶香气高鲜，滋味鲜浓尚强，制绿茶香高鲜，滋味浓强鲜爽。

3. 品种特性

其三年投产，投产当年亩产干茶78.10kg，最高单产达165.40kg。

（二）云选九号

1. 植物学特性

植株较高大，树姿开张，分枝较密；叶片下垂状着生，叶长椭圆形，叶色绿，叶面隆起，叶质厚软；芽叶黄绿色，茸毛特多。

2. 品种适制性

适制红茶，制红碎茶，嫩香高锐，滋味鲜爽；制工夫红茶，不仅甜香，而且滋味浓醇。

3. 品种特性

三年投产，投产当年亩产干茶61.50kg，最高单产达191.10kg。

四、特异茶树品种

（一）紫鹃

1. 植物学特性

树姿半开张，分枝密度中等，叶片呈上斜着生，叶形披针形，叶尖渐尖，叶色绿色，育芽力强，发芽密度中等，嫩梢的芽、叶、茎都为紫色。

2. 品种适制性

用其鲜叶加工的烘青绿茶，具有茶条紧细颖长，色泽紫黑色，香气特殊，汤色紫色。

3. 品种特性

扦插和移栽成活率高，抗寒、抗旱能力强。

（二）73-11号

1. 植物学特性

植株高大，树姿开张，主干明显，分枝密；叶片稍上斜着生，叶长椭圆形，叶色绿，叶面隆起，叶质脆硬；芽叶黄绿色，茸毛特多。

2. 品种适制性

制红碎茶，香气较高长，滋味浓强较鲜，制绿茶，香气较清香，滋味醇爽。

3. 品种特性

特早生种。

第三节　云南茶树良种选用

一、茶树良种的时效性和局限性

任何良种都不是万能的，有它的时效性和局限性（区域性、适制性）。时效性是由育种研究和茶叶生产发展的水平所决定的，一方面，随着科研水平的提高，新的更好的品种选育出来，原来的良种也就失去其优势；另一方面，随着茶叶生产的发展，对品种提出新的更高要求，原有的良种不能满足这种要求，也就不成其为良种。局限性则是品种自身特性所决定，这就需要根据当地的生态环境条件和主产茶类选择适当的良种。

二、茶树良种选用原则

（一）当地环境条件与良种的需求相一致

所谓环境条件主要是指土壤和气候条件，而一般茶树品种对土壤的要求差异不大，主要是对气候条件特别是对温度的要求有较大的差异。良种推广一般要求在与育成地纬度相近、气候相似的地区进行，高纬度地区的品种向低纬度地区推广，或高海拔地区的品种向低海拔地区推广，在温度上一般都能适应。由南向北引种，则更要慎重，否则会造成重大的经济损失。良种推广中一定要注意品种所能适应的温度范围。各地选择引进品种时，首先要看品种的适宜推广范围，其次还要考虑本地小环境条件是否符合品种的要求。在没有把握的情况下，可先少量引种试种，试种成功后再大量引种。

（二）品种适制性与当地主产茶类相一致

由于不同品种的芽叶外部特征和内部化学成分的含量及组成不一样，其适制茶类也不一样，良种推广中一定要注意根据当地主产茶类来选择相应的品种。一般品种的适制性是按茶类划分的，而一些传统的名特茶，已形成自己独特的风格，对品种有其特殊的要求，如像长叶白毫这种多毫品种，是制绿茶的优良品种，用来制红茶并不能充分发挥其种性特征。因此，在引种时，还要考虑所制茶类的特殊要求。

（三）品种搭配合理

无性系良种性状整齐一致，这是它的优点，但如不注意合理搭配，也会带来品质风格单一、开采期过于集中、发生灾害时易造成毁灭性打击等不良影响。因此，各地在选择品种时要注意品种的多样性。据研究、实践总结，一个大型茶场至少要种植6~7个茶树品种。在选择品种时应考虑以下几个因素：

1. 品种的发芽期

按早、中、晚搭配，这样能错开采摘"洪峰"，便于劳动力和加工设备的安排。在目前云南省各地种植的主要是中、晚生群体种的情况，应以推广早生和特早生品种为主。

2. 品种的品质特征

不同品种其品质特征也不一样，有的香气突出，有的滋味独特，要按品种的品质特色搭配，起到产品原料拼配和品质互补的作用。

3. 品种的抗性

要按品种抗性强弱和抵抗灾害类别加以搭配，以防止和减少自然灾害的损失。

第四节　云南茶树实用栽培技术

一、云南茶园的种植选择与移栽

茶树种植应注意以下几个环节：

（一）选择品种

选择的品种要适合当地自然条件，尽量使用抗逆性强的无性系良种，并根据生产需要考虑品种搭配，表现出品种的多样性。目前我省推广的主要是：凤庆大叶种、勐库大叶种、勐海大叶种，清水3号、凤庆9号、云抗10号，云抗14号等。

（二）茶苗移栽

1. 移栽前的准备

（1）茶苗准备。茶苗在移栽前一个月，逐步揭去荫棚，让茶苗接受阳光锻炼，促进老熟，同时停止追肥，减少浇水；其次，要对茶苗进行出圃检疫，把茶苗严重感染病虫害的片段划出，感病株拔出，并针对病虫情况进行药剂防治。

（2）茶地准备。新开茶地一般杂草不会很多，若开垦后时间较长，首先要把杂草全部除干净，施上基肥。

2. 定植节令

移栽时间的确定是空气湿度大，土壤水分含量高，且茶树地下部进入生长休止时。

3. 起苗

裸苗要求全根带土，先将圃土浇水湿透，用移植铲将茶苗带土小心挑出，轻放于盛苗箩，略浇清凉水，存放于阴凉处，待运。

4. 茶苗运输贮存

（1）轻拿轻放，不得重叠挤压，慢速行车。

（2）运到定植地点后，卸于阴凉处，晴天应浇清凉水，若在空旷无法遮阴处或遇大雨，应用鲜湿的草或树叶遮盖。

（3）若运距较远，无法带土，应采用棕皮或湿草小捆包扎，包扎前，沾红泥浆，红泥调制的稠度比糊墙的泥浆稍稀一点。

5. 茶苗定植

（1）种植规格。种植规格就是种植茶树行、株距、排列方式及每丛定苗数。

（2）定植方法。直行茶地，打塘后用绳子拉线定植，弯行茶地，先把行头定植好，然后往后退栽，尽量栽得整齐。茶苗种植深度要适当，不宜过深或过浅。

（3）定植要领。茶苗定植要求做到"五边、五不栽和七项要求"。

五边：边起苗，边运输，边定植，边浇定根水，边插遮阴枝。

五不栽：正午烈日不栽，地太烫不潮湿不栽，严重的病虫害苗不栽，主根折断或严重细弱的苗不栽，地不整平、土块不整细和"无水"茶不栽。

七项要求：起苗要求全根带土，运输尽量保土，塘、沟要求深挖，土壤与肥料要求充分混合，根系要求舒展，盖土要求下实上松，茶苗定植要求整齐。

（三）茶籽直播

1. 直播的条件

早朝阳晚背阴，坡度较平缓的地形，水分条件较好的地块，具有覆盖用的杂草。

2. 直播的种子处理

直播用的茶籽，决不要浸种，采用手选法和筛选法选种，将霉变籽、瘪籽、不成熟籽、虫眼籽剔除。最好是随采随播，不能及时播的采用沙藏法和沟藏法保管。

3. 播种节令

从10月份种子收获到次年3月上旬都可按种植规格进行直接播种，但越早越好。

4. 播种方法

播种基地要求与栽苗一样，播种时深度4～5cm，每穴种子3～5粒，盖土厚薄要一致，上面用杂草覆盖，草上再压一层土。

5. 播种后的护理

播种后要加强管理。

（四）苗期管理

过细管理是移栽或直播出苗后提高茶苗成活率的重要一环，所以要采取合理的农业措施进行抗旱抗寒保苗，及时除草，适时追肥等措施促进壮苗，及时进行补苗、间苗等以达全苗。苗期管理主要要做好以下工作：

（1）水分管理。

（2）种植绿肥。

（3）土壤管理。

（4）定型修剪。

（5）补苗防缺。

（五）幼龄茶园管理

幼龄茶园管理工作主要应做好：

（1）施肥。

（2）病虫害控制。

（3）耕作除草。

（4）种植绿肥。

（5）铺草。

（6）及时修剪。

（7）灌水保苗。

（8）采摘与养蓬。

二、云南茶园建设措施及配套技术

建设高标准高质量的茶园是实现茶叶生产现代化的重要条件之一，是获得高产、优质、高效的基础。具体要求是：

（1）茶园规划就逐步实现区域化和专业化茶区范围内，以治山改土为中心，实行山、水、田、林、路综合改造。茶园应集中成片、园地成块、茶行成条、区格分明、高产稳产。茶园道路两旁要种好行道树，茶园周围要有防护林，同时绿化四周不宜种茶的荒山荒地。

（2）重视良种搭配，做到良种良法栽培，不断提高良种化。

（3）搞好茶园排灌设施，为茶园提供良好的土壤水分条件。

（4）提高机械原理水平，逐步做到"改造自然条件和茶树形态结构以适应农业机械，同时改造农业机械以适应茶区生产条件和茶树生育需要"。

（5）实行科学种植和管理。

三、云南茶园病虫害与综合防治

茶树在生长过程中，会经常遇到各种病虫的为害，给茶叶生产带来很大损失。因此，病虫害防治工作也是茶园管理的重要环节。

茶树主要病害，常见的有茶芽枯病、茶白星病、茶饼病、茶云纹叶枯病、茶红锈藻病、地衣和苔藓、茶树根结线虫病等。为害最重的是夏秋之交大面积发生的茶饼病。

茶树主要害虫，常见的有茶尺蠖、茶卷叶蛾、茶黄蓟马、茶毛虫、茶黑毒蛾、茶蓑

蛾、扁刺蛾、茶细蛾、茶蚕、茶斑蛾、小绿叶蝉、茶蚜、黑刺粉虱、红蜘蛛、茶天牛、茶梢蛾等。

茶树病虫害的防治，一般多采用综合防治措施，农药防治、生物防治、农业防治相结合，减少农药污染，提高防治效果：

1. 农药防治

又称化学防治，是用化学药剂的毒性来防治病虫害。化学防治是植物保护最常用的方法，也是综合防治中一项重要措施。

2. 生物防治

大致可以分为以虫治虫、以鸟治虫和以菌治虫三大类。它是降低杂草和害虫等有害生物种群密度的一种方法。

3. 农业防治

它利用了生物物种间的相互关系，以一种或一类生物抑制另一种或另一类生物。它的最大优点是不污染环境，与农药等非生物防治病虫害的方法相比，具有天然、环保和无污染等优点。生物防治的方法有很多。农业防治如能同物理、化学防治等配合进行，可取得更好的效果。

思考题

1. 云南省有哪些适制普洱茶的茶树品种？
2. 良种选用原则。
3. 怎样进行茶园病虫害防治？

参考文献

［1］陈宗懋，等. 中国茶经［M］. 上海：上海科学技术出版社，1986.

［2］杨亚军. 中国茶树栽培学［M］. 上海：上海科学技术出版社，2005.

［3］庄晚芳. 中国茶史散论［M］. 北京：科学出版社，1989.

［4］刘宝祥. 茶树的特性与栽培［M］. 上海：上海科学技术出版社，1980.

［5］江俊昌，等. 茶树育种学［M］. 北京：中国农业出版社，2006.

［6］俞永明，等. 茶树良种［M］. 北京：金盾出版社，1996.

［7］虞富莲. 茶树新品种简介［J］. 茶叶，2002，28（3）.

［8］陈炳环. 茶树分类初探［J］. 中国茶叶. 1988，10（2）.

［9］李光涛. 云南大叶种茶树短穗扦插技术研究［J］. 茶业通报，2005，27（3）.

［10］徐泽，李中林，胡翔，等. 茶树扦插繁育综合技术研究［J］. 西南园艺，2005，33（1）.